妈妈的
使用说明书

母 の ト リ セ ツ

黑川伊保子 —— 著

刘丽丽 —— 译

九 州 出 版 社
JIUZHOUPRESS | 全国百佳图书出版单位

图书在版编目（CIP）数据

妈妈的使用说明书／（日）黑川伊保子著；刘丽丽译. -- 北京：九州出版社，2024.2
ISBN 978-7-5225-2628-7

Ⅰ. ①妈… Ⅱ. ①黑… ②刘… Ⅲ. ①儿童心理学 Ⅳ. ①B844.1

中国国家版本馆 CIP 数据核字（2024）第 044233 号

版权合同登记号 图字：01-2024-1044

妈妈的使用说明书

作　　者	（日）黑川伊保子　著　刘丽丽　译
责任编辑	肖润楷　田　梦
出版发行	九州出版社
地　　址	北京市西城区阜外大街甲 35 号（100037）
发行电话	（010）68992190/3/5/6
网　　址	www.jiuzhoupress.com
印　　刷	北京盛通印刷股份有限公司
开　　本	880 毫米 × 1230 毫米　32 开
印　　张	7
字　　数	97 千字
版　　次	2024 年 2 月第 1 版
印　　次	2024 年 2 月第 1 次印刷
书　　号	ISBN 978-7-5225-2628-7
定　　价	42.00 元

序

父爱柔和，恰似微波，轻柔地拍打脚面后静静退去，留在记忆中的父爱总是温暖的。

母爱猛烈，如同海啸，翻涌而至，吞噬孩子的勇气和时间，有时甚至会让孩子遍体鳞伤。

妈妈通过让孩子服从自己的安排来保护孩子健康成长——按照我说的做，一定不会错！她们对此深信不疑！

妈妈们始终不愿相信自己与孩子拥有不同的大脑、所盼喜悦不同、梦想人生不同。

妈妈最初的要求都是些小事。

去刷牙、不要剩饭、赶紧洗澡、做作业、和客人打招呼、把鞋子摆好……做好这些事情妈妈会很高兴，所以孩子都会照做。

但是，孩子与妈妈拥有不同的大脑，不同的身体，不可能总是按照妈妈的心意行事，因为，大脑不同，令其产生快感的事物便不同。

于是，在人生的某个阶段，孩子不得不停止讨好妈妈的行为。

当然，这是理所当然的。

没有必要事事服从妈妈的安排。

没有必要成为妈妈脑海里勾勒的"有出息的孩子"。

大部分孩子不可能成为妈妈希望的样子，即便真的如了妈妈的愿，那也未必是幸福人生。一出生，"生命的使命"便被刻进人的大脑，大脑会指挥人按照"生命的使命"去生活，这样人才会感受到人生的充实。

不过呀，一定要让妈妈感受到你对她的爱。

因为妈妈最终想要的其实是你的爱！

我儿子小时候（小学高年级或是刚上初中吧）曾这样对我说："妈妈，我决定以后要验证一下你说的话对不对，说实话，你有点奇怪，因为很多事情都不像妈妈说的那样啊。"

看着我一脸吃惊的表情，儿子温柔地拉起我的手，继续说道："妈妈听我说，就算我没有听你的话，也不代表不爱你，我对你的爱不会变呀。"

因为这句话，儿子从此获得了免罪符，纵使他的人生都不如我愿，我也不会怪他。

三年前，儿子娶到了心仪的姑娘。这是一位超出我想象的"完美儿媳"，既聪明又幽默，是我们家的灵魂人物。儿子很爱她，不过我也没有因此感到失落，因为儿子小时候获得"免罪符"时的表情，拉起我的手时的温度，至今令我感动不已。

读到此处的朋友，请今晚就向妈妈表达你的爱吧，如果从此母子相处和睦，那就没有必要买这本书啦。

儿子的爱的宣言是《妈妈的使用说明书》的根本和全部。换句话说，理解妈妈的脑回路，一句话就可以概括：

不要服从，要向妈妈回馈你的爱。

然而，现实生活中，这一点却不容易做到。

因为，爱这种东西如果不在日常生活中时常表达，就会被忘掉。

傍晚，儿子为孕吐严重的儿媳做了一杯柠檬苏打水。儿媳吐得厉害，眼泪汪汪地说了一句："柠檬苏打水。"我和儿子赶紧进厨房，我洗柠檬，儿子拿出果浆和榨汁机，儿媳很快喝到了柠檬苏打水。

之后，我去洗澡，一出来儿子就递过来一杯柠檬苏打水。儿子知道我最喜欢他做的柠檬苏打水。

就是这样，儿子在20年前的"爱的宣言"之后，为了让我记住他对我的爱，每天都会对我表达一点爱。

我把这叫作"大宣言"与"沙漏爱"。

儿子演绎了一部活生生的《妈妈的使用说明书》。

当然，他能如此体贴妈妈，都是我的养育之功。

我对他也使用了"大宣言"与"沙漏爱"。

我育儿的大宣言是"成为连妈妈都为之痴迷的男人"，仅此而已。

因此，我从未责骂过他。"这么做，不够男子汉哟！"只要这一句，他一般都会按我说的做。"不把玩具借给朋友玩可不够男子汉""鱼不吃干净可不够男子汉"……

上了高中以后，考试前一天晚上如果他想出去玩，我会说"考试前一晚骑着摩托去看海是很帅，不过，考那么少的分数，实在不够男子汉呀。"听了我的话，至少考试前一晚他会乖乖在家复习功课。

"大宣言"与"沙漏爱"养育的孩子，也会如此对待妈妈。

事实上，如果妈妈们先尝试改变的话，孩子会轻松得多。

目　录

第三章

摆脱妈妈节奏的秘诀

第一章
你的人生你做主

进入本章之前，我希望你能从心底认同我的理念，即不必看妈妈的脸色行事，不必在意妈妈的想法。

摆脱妈妈"五指山"的"咒语"

请你大声读出下面这段话：

妈妈确实给予了我人生，我也心怀无尽感恩，但是，既然给予了我，那就是我的人生，如果一直把我当成你的"私有财产"，那就是妈妈太小气了。

当妈妈干涉你的人生时（再不结婚就生不出孩子了；买新车？去哪里弄那么多钱啊！等等），你首先在心里喊："小气！"对，你要这样想："总是对孩子的人生指手画脚，太小气，太不成样子！"

如果你能做到轻视妈妈，那妈妈的话对你就如云烟。

正是因为你觉得妈妈的话有道理，你想让妈妈的愿望成真，所以当被妈妈催促时才会受伤，才会生气。你心里也这样想："被一位超出妈妈预想的高富帅男孩猛烈追求，而我也喜欢他，没有意外，我们举行了盛大的婚礼……如果真是这样，那一定会幸福的吧"。因为在意妈妈的看法，所以对妈妈的种种唠叨才会生气。

轻视你的妈妈吧！

你这样想："既然给予了孩子人生，却迟迟不愿意放手，这个女人真是既小气又不像样子。"

轻视妈妈，你会觉得她可怜，反而会温柔地对待她。

如果轻视了妈妈，到最后还是厌烦她，那就离开她一段时间。妈妈不会因为孩子一时的逆反而伤心。所以，大胆地在你和妈妈之间设置一定的距离吧。

做了母亲之后，有一点让我感受深刻：孩子的降生让母亲的大脑感到十分满足。恐怕女生的大脑就是这样，仅是有了自己的孩子就会被充分满足。

孩子在降生的那一刻，就已经完成了对母亲的报恩。我怀孕的时候，一位对我帮助很大的前辈曾说过："孩子在 3 岁之前已经完成了对父母的报恩，他之后的人生，无论让你多么操心，想想 3 岁以前他那可爱的模样，一切都值了。"我本人非常认同他的话，很多有过育儿经历的妈妈也有同感。

这种绝对的充实感不会因孩子没有按照妈妈的愿望成长而消失，试想一下，即便生下的孩子有残疾，又有哪个母亲会放弃抚育呢？孩子在降生的那一刻就已经完成了报答母亲的义务。

因此，你完全可以不必顾虑妈妈的心意，去自由成长吧。

减少妈妈唠叨的方法

然而，正面否定妈妈可不是上策。一旦否定妈妈的意见，会遭到妈妈更强烈的压制。你说："我不这样认为。"妈妈会不停地讲道理；你说："真烦啊！""不关妈妈的事吧。"妈妈会勃然大怒。

所以，教你一招既不正面反对妈妈，又能和妈妈顺畅交流的办法，那就是诚恳地接受妈妈的心意。

"妈妈说的真对呢，我会好好考虑的呀，谢谢啦。"

"妈妈说的对，我会好好考虑，谢谢老妈。"

这招对外人也很好用。

被无法驳斥的上司或是年长的客户"多管闲事"

时，你也可以用"我会好好考虑的，十分感谢"来堵住他们的话头。

"我会好好考虑""您的意见对我启发很大"这类的话，既不代表自己做错，也不表示会执行对方的意见，是否采用，主动权在自己。

"暑假作业，抓紧做吧，不然开学前会很辛苦的。"妈妈这样催促时，你就说："好的妈妈，总是让你操心，真抱歉！"然后多少装出很在意暑假作业的样子就可以过关了。若是在出门玩耍前被妈妈这样唠叨，你喊一句："回来我会做完 4 页数学练习的！"或是回一句其他积极上进的话也行。

如果被妈妈催婚，一句"是啊，一定要像妈妈那样幸福呀"轻松搪塞。

"妈妈很烦啊"这样的话，只会让妈妈更加唠叨。减少妈妈的唠叨才是关键吧。无论哪个妈妈听到"真烦啊""跟你没关系吧""别管我"这样的话都不会沉默不语。

对了，面对婆婆的挑剔，这个说法也管用。

上进心十足的强势婆婆可能会干涉你的育儿方

法："某某家的孩子，上补习班了，咱家不去行吗?"
你说："哎呀，您提醒我了，我会好好考虑的。"这样
一说，就算后来没有上补习班，婆婆也无法怪你。如
果是相反类型的婆婆，可能会说："都开始学英语了?
母语还没有说明白呢吧。"你可以微笑着说："确实是
啊，母语也很重要啊，妈妈说的有道理呀。"只要你真
诚地道谢，决定权仍然在自己手里。

出乎意料的是妈妈不在意结果

"妈妈说的有道理，谢谢妈妈总是惦记我的事儿。"嘴上这样说，却不见行动，对于这样的孩子，妈妈其实没有一点办法，因为没有继续纠缠的由头。

而且，当你认为是运气眷顾了你时，殊不知是妈妈故意放过了你，妈妈这类人呢，只要自己的关心被接受，其实不太在意结果。

处于育儿中的女性，本能地启用重视过程的脑神经回路，重结果的神经回路退居次要位置。因此，妈妈比你预想的还要轻视结果。

人脑在遇到紧急状况时会有两种选择：一种会反复思考事情的经过，探寻根本原因；另一种则寻求立即奏效的解决之策。理论上每个人都有这两种选择，可实际上，每个人都被先天地确定了其中一种为"优先选择"。处于育儿中的女性，"过程派"占大多数。

育儿不是一朝一夕就能看到结果的事，如果妈妈优先使用"重结果"的脑回路，该如何熬过那些换尿布、无缘无故夜里哭泣的日日夜夜，直至幼儿蹒跚学步呢？还有，为了孩子的身体健康，妈妈很难不养成仔细思考每件事情来龙去脉的习惯。"这么说的话，今天早上总感觉他有点不太对……"妈妈用这样的意识来守护孩子。

"过程派"不重结果，首先思考过程。因此，比起事情的结果，她们更在意你的心意，只要你真诚地表达了心意，结果往往就不那么重要了。

"谢谢"与"对不起"做成的"三明治"最无敌

即便如此，有时候也会被妈妈追问："怎么还不做呢?"你要真诚道歉："让妈妈担心了，对不起呀。"

和妈妈正面对决，反对她的话，或是陈述不做的理由，都不会有胜算。因为妈妈不是冲着结果来的，而是用真心在和你对话。

接受她的关心，"妈妈说的对呀，谢谢妈妈"，向她的关心道歉，"让妈妈担心了，对不起呀"。不要辩解自己有特殊情况或者想法。面对不可能战胜的对手，这样做最明智。

现实生活也如此，当批评谁的时候，挨批评的人亮出"谢谢""对不起"这款"三明治"的话，谁也没有办法继续责难。

例如，你在批评部下，部下表态："您的意见对我助益良多，万分感谢！"你接着说："说什么都没有用，你还会犯同样错误的吧。"对方低头赔罪："是啊是啊，让您为我担心，真是抱歉！"你还能说什么呢？

为了检测这款"三明治"的实用性，可以在其他人身上试一试。

"又随便乱放啊，你呀，为什么不改呢？"妻子抱怨，你赶紧道谢："总是劳烦你为我收拾，谢谢亲爱的，要是没有你在身边，真不知道怎么生活呀。"如果被继续唠叨："你怎么就学不会呢。"你赶紧低头认错："让你操心了，真是抱歉啊。"如果反其道行之，"我也没办法啊，工作太忙，太累呀"，听到这两种答复的妻子的态度，可以用天堂与地狱来形容，不信请你试试吧。

"向心致歉"处理人际关系所向披靡

掌握"向心致歉",你的人生会格外轻松。

遇到蛮不讲理向你发火的人,一句"扫您的兴了,抱歉"轻松化解。

有一次,我正在排队,后面一位老婆婆对我说:"你长得那么高,挡住我了。"我就说了上面的话。我身高 165 厘米,穿着 8 厘米的高跟鞋,即便如此,我难道就有错吗?如果按照这个逻辑,老婆婆身高 145 厘米,岂不是也有错?

所以,不能单纯地说"对不起",或者说"是我长得太高大了,对不起",这样道歉的话,会下意识地认为自己是一个大块头的丑陋女生,自尊心会受伤。对于那些大大咧咧的人的责难，如果都这样道歉的话，会让自尊心受挫，慢慢地人生也会笼罩在阴影中。

因此，不对事，只对心，一句"扫您的兴了吧，对不起"即可。

你面带微笑地说："扫您的兴了吧，对不起。"对方也会觉得不好意思，"哎呀呀，也不能怪你呀"，尴尬氛围瞬间化解。

受不了小孩子吵吵闹闹的老年人向你怒目横眉时，你也说："扫您的兴了吧，对不起。"如果你说："孩子们太闹了，抱歉。"那就必须要批评孩子了。如果孩子特别顽皮，从不把大人的话放在心上，批评几句也是应该，可是如果平时很乖巧，偶尔玩的兴致勃勃喊叫几句，做父母的也不忍心打击孩子的兴头吧。

我的亲戚中有这样一位婶婶，每次见面都说："哎呀，你是不是又胖了?"有一次，我实在忍不住便说："扫您的兴了吧，对不起。"她一下子不知所措，忙不迭地说："没有没有，我不是那个意思。"从那以后，她再也没有说过这样的话。

　　我只有一个孩子，有一段时间，总被家人唠叨：
"打算只生这一个孩子吗？赶紧再生一个吧。"面对这
样的关切，我微笑着说："让您担心了，抱歉啊。"这
个话题便到此为止了。

　　有了这句话，人生格外轻松，一定要记住哟！

母子连心始于细胞初育

妈妈与孩子，是完全不同的存在。

妈妈的正确答案不一定是孩子认为的正确答案。

无论怎么苦口婆心地劝说，妈妈们也不肯认同这一点，因为妈妈的直觉确实保护了孩子很长一段时间。

儿子还是个小婴儿时，有一次，他的大腿被蚊子叮了，看到那红红的疙瘩，我突然感觉哪里很痒，大脑真实地传导了这种皮肤感觉，可是我完全不知道该挠哪里好，结果，我试着挠了一下儿子的大腿，我的痒竟奇迹般地止住了。

这样的经历，人生中只此一次，无论是多么令我痴迷的男生，都不曾替他痒过。

　　妈妈与幼儿的一体感，超越科学能解释的范畴，哪种感觉是自己的，哪种感觉是孩子的，妈妈的神经系统没有将其明确区分。

　　母子关系始于这样一种亲密的一体感，所以，除非是特别客观的人，否则不会认同"孩子的人生属于孩子"这个道理。

　　让妈妈改变，极其困难。

孩子会被"妈妈情绪"左右

那么，孩子更应该清楚"妈妈是妈妈，我是我"的道理，可是，这也并非易事。

幼儿时期，孩子与父母亲密无间，心意相通，他们像照镜子一般，将父母的表情和行为全盘接纳，学习模仿，那真是全心全意呀！像父母一样笑、走路、讲话，甚至使用工具的习惯都一模一样。

如果妈妈开心，表明我做对了，如果妈妈有些不安，表明我的做法不对。让妈妈悲伤的事，绝对不能做。幼儿时期的孩子，的确是这样依赖父母的。

人生最初的铭记，影响之深，超出我们的想象，长大以后做事也有妈妈的影子，可见妈妈的表情和行为的影响之深。

我和儿子跳华尔兹或者探戈的时候，刚一摆好姿势，我俩的呼吸频率就是一致的，多么不可思议呀！双人舞在开始之前要将呼吸频率调整一致，如果搭档双方吸气吐气的时点不同，彼此将猜不到对方的意图，舞步就会错乱。我和儿子之间完全不用练习，就能够做到气息动作一致。

我和舞蹈教练新垣阿克塞尔老师说起此事，没想到老师也说他和母亲跳舞的时候也是这种感觉，开跳之前，我们一起走向舞池，简直就像照镜子一样，我们的脚步和呼吸完全一致！

母子连心，即便孩子长大了，也不会改变。

所以，妈妈的愁容会让孩子的大脑萎靡，好奇心、集中力、干劲儿、想象力都会因此而消失。

身为母亲，切记不能拉着脸迎接放学回家的孩子，不能愁眉苦脸地迎接偶尔回老家探亲的孩子，即便真有烦心事或是病痛缠身，也不能如此。

如果不幸你的母亲确实无法控制情绪，那么，身为人子的你，要这样想：我的妈妈还很幼稚啊。这都是为了不被妈妈情绪左右。

即便是幼稚的妈妈，那也是你选定的。

只有通过这条"通道"，你才能够来到这个世界呀。

那是冒着生命危险生下你的妈妈（冒着生命危险，为你搭建了通向这个世界的通道），就算有点不成熟，有什么不能原谅的呢！

关键是，你要做到不被她的情绪左右。

对于总是愁容满面的妈妈，你要站的比她高，心里想"她还没有长大呢"就好了，就像对待一个顽皮的小孩子那样。

如果你是妈妈，你的孩子嘟着小嘴向你表达想法时，你是不是能做到不理他，然后按照你想的做呢？你肯定能把仰着涨红的小脸儿，嚷着要在公园多玩会儿的女儿拉回家吧。

妈妈的坏情绪和嚷着多玩会儿撒娇的小女孩没有区别，你心里自言自语："啊?！想什么呢?"嘴上说："妈妈说的有道理呀，下次就这么办。"轻松搞定！

是你选定了妈妈

前面我曾提过一句，是你选定了妈妈。

是你选定了她作为"通道"，降临"此世"。

我之所以深信这一点，是因为儿子亲口和我说过，大部分有胎内记忆的孩子也都是这样说的。

那是儿子两岁时候的事儿。

有一天，我俩坐在小餐桌前。

他掀起我的 T 恤，钻到里面，调皮地抚摸我的乳房，开心地吃奶。这是我们回家后的休憩时间，往常也是如此，我没有过多留意，打开报纸读了起来。这时候，儿子突然探出小脑袋，嘟囔道："妈妈，阿雄以前在这里了。"

"是呀"我随便应付了一句，仍然没有太在意。常有怀孕的妈妈来保育园接孩子，或许有人告诉过他"肚子里面有小宝宝"。但是，他接下来的话让我吃了一惊：

"妈妈曾对我说过，'宝宝加油'"

宝宝加油！

我清楚记得对宝宝讲这句话的时期，是临产前3周左右。

我一直工作到临产前20天，神灵庇佑，胎儿健康，我也没有遭受太多苦痛。但是，临产前一个月确实很辛苦，长时间的会议让我吃不消，肚子涨涨的。每当此时，我会在洗手间或者休息室一边抚摸肚子，一边说："宝宝加油啊！"

宝宝加油！

儿子出生后，我从来没有称呼他"宝宝"。他在讲述胎内记忆！我想一定是的，我突然有些紧张。

胎儿的大脑，有保存记忆的能力。不过，2岁以后大脑会进入脑神经元细胞急剧减少的衰减期（胎儿刚出生时神经元细胞数量最多，通过淘汰没用的神经元细胞获得最优的组织结构），取而代之的是神经元细胞之间的联结变得越来越复杂，通过这个过程，大脑完成重构。如果将大脑视为一种"装置"，既然要实现这种重构，就必定会发生记忆或变得支离破碎，或消失，或被其他记忆覆盖等现象。长大以后还保有胎内记忆是十分困难的。

两岁以前胎内记忆会被留存在大脑中，有些说话早的幼儿会讲述自己的胎内记忆，这也不是什么新奇的事。我虽然懂得这种现象，却从没有想过自己的孩子会向我讲述胎内记忆，确实有些意外。

儿子在描述胎内记忆，那我很想问问他困惑了我很久的一个问题。

直觉告诉我，这个问题只能问一次，一旦引导失败，他的记忆会变得支离破碎，答案也会随之沉入大海。所以，我很谨慎地配合着他的节奏。

"阿雄在妈妈的肚子里待过的"

"是啊"

"那来妈妈肚子之前，阿雄在哪里呀？"

我一直小心翼翼地询问，不过也没有太期待他能说出什么。但是，他还真的给出了答案。

"妈妈忘记了吗？"阿雄从衣服里钻出来，一脸诧异："我是树枝上的一朵花呀，恰巧遇到妈妈在看我，我就来了呀。"

多么美妙的回答，诗一般的意境！

我并没有相信他就是一朵花，但是，那确实是他最初的记忆，大脑最开始的印象，我竟然能够碰触到儿子最初的一滴记忆，那种感动无以言表！

身为母亲的满足感

据说幼儿讲述的胎内记忆有共同的特征，都说自己当时在一个很高的地方（空中、屋顶等等），看到了妈妈，就想到妈妈身边来，我儿子讲述的胎内记忆也是如此。

当然，这不是受精卵在腹内着床那一瞬间的记忆，毕竟受精卵还没有保存记忆的场所。

幸运的精子历经千辛万苦遇到卵子，形成受精卵，受精卵在子宫壁平安着床，细胞分裂迅速启动。第六周左右，后来会发育长成脑和脊髓的神经管。到此为止的发育过程，没有个体差异，所有胚胎几乎一样。在生命初育的这段时日，脑生成了最初的"意识"，胎内记忆就是发生在这样一个每个胚胎的发育程度都相差无几的时候。几乎所有有胎内记忆的孩子都坚信是自己选择了妈妈。

多么令人感动啊！我不禁热泪盈眶！

孩子选定了妈妈！多么感人的事实啊！这是人类大脑献给妈妈的礼物。

幼小的生命将他的一切都托付给了你，还有什么比这更能证明你存在的价值呢？我觉得，仅此一点便足以证明妈妈的价值永恒不灭！

成为母亲，就等于获得了无价珍宝。即使儿子没有告诉我他的胎内记忆，我似乎也能感应得到，这种心灵相通来自腹中孕育的 10 个月和初次将他抱在怀里的幸福感。

是你给了妈妈如此的满足感。

这就足够了。你选定她作为你的妈妈，已经让妈妈心满意足。

之后她的各种要求（举止得体、好好学习、成为精英、找个好归宿，等等），与降生之初你的选择带给她的满足感相比，都微不足道。

妈妈们有时候会拉着脸唠叨这唠叨那，可最终都是盼着儿女幸福，只要儿女事事如意，她们就会觉得自己是人生赢家。

总结一下，当妈妈干涉你的生活时，你可以轻视她："给了孩子的人生，还是不肯放手，真是小气，不像话!"当妈妈动不动就拉脸时，你就想："真是个幼稚的妈妈呀。"随时准备用"我会考虑的，谢谢啦"和"让你操心了，对不起呀"来溜之大吉。

听我的，准没错!只要你幸福就好，这是妈妈的终极所盼，是妈妈存在的全部意义。

如果你的妈妈所盼有异，那就彻底远离她吧。

第二章

请记住母爱含毒

人类大脑有一种神经回路，专门控制"紧急选择"。

人类大脑有一种神经回路，专门控制"紧急选择"。

例如，左撇子和右撇子。

如果没有一只惯用的手，恐怕我们无法躲避迎面飞来的石头，这种紧急时刻没有时间犹豫该向哪边躲。摔倒的时候也一样，哪怕是犹豫一秒钟该出哪只手，也会摔得头破血流。因此，大脑提前决定了紧急事态时惯用的手。

同样，当我们感到吃惊的时候，有的人上半身猛地向上聚拢，有的人上半身向后仰，趔趄后退。当有紧急状况发生时，有人看远处，有人看近处。脑和身体不能同时行动，所以，大脑提前决定了紧急状况下的优先选择。

这个控制"紧急选择"的脑回路一定程度上影

响着人的判断和性格。"紧急选择"类型不同的人，会有不同的世界观，他们判断是非的标准也迥然不同。

亲子之间如果"紧急选择"类型不同的话，相当麻烦，若是再碰上一位极度坚持己见的母亲，那母爱就真的有"毒"。

事实上，基因配对机理奥妙无穷，很多母子在紧急事态下的身体使用习惯都不同。看待事物的方式，说话方式等有性别差异，母亲和儿子一般不会一样。有时候人生经历也是重要影响因素，比如妈妈是家庭主妇，女儿是职业白领，虽然同为女性，二者说话做事的风格肯定不同。

希望你能从科学的角度明白你是你，妈妈是妈妈。

补充一点，如果母女类型一致，也是格外麻烦，因为母女俩的"关注点"是一样的，当双方都在意同一个"关注点"时，母女关系会异常紧张。那些兄弟姐妹中总挨妈妈批评的人，大多是因为"关注点"与妈妈撞车了。

　　总之，按照"紧急选择"类型，可以将人分为若干类，这个特点对亲子关系有很大影响，了解它有百利而无一害。

不必全盘接受父母意见的理由

有些人将力量和意识集中于指尖，有些人则集中于手掌。

受到惊吓时，你是提高上半身类型呢（猛地跳起来或者双肩上提缩成一团）？还是压低上半身类型（双肩压低准备还击或者上半身向后仰翘翘后退）？

前者是将力量和意识集中到指尖的人，后者则是集中于手掌的人。

小脑控制躯干和手足，而小脑指挥官有四类。手腕和脚上都有连通食指（桡骨、胫骨）和无名指的骨头（尺骨、腓骨）。做动作的时候（改变手掌或脚掌的角度）需要转动这几个骨头，但是，如果同时转动这两种骨头，身体就会失去平衡，所以，需要选出优先方。

这时候，有人优先使用连通食指的桡骨、胫骨做动作，有人优先使用连通无名指的尺骨、腓骨。而且，转动的方向也有两种，一种向中指侧转动，一种向大拇指或小拇指转动。

将食指向中指侧转动做动作的人，受惊的时候，上半身会猛地上提，我家儿媳就是这一类型。前几天，我突然打开厕所门，吓得她一下子双肩上耸，跳了起来。将食指向中指侧转动的人，会提肩缩成一团。将食指向大拇指侧转动的人，会压低肩膀做出防御姿态，将无名指向小拇指侧转动的人会身体后仰着倒退。

向中指侧转动的两类人，手指向中央聚拢，力量和意识会集中在指尖，可以称为"指尖派"。向大拇指、小拇指转动的人，手指会展开，力量和意识集中在手掌，可以称为"手掌派"。人是哪种类型是天生的，一生都不会改变。亲子之间这种动作习惯类型不同的话，会产生很多摩擦，而且，很多时候亲子之间也确实是不同的。

指尖派接触物体时用指尖，自然会经常转动手腕，从手的构造来讲也是如此，若要灵活运用指尖，一定要自如地使用手腕。那么为了方便使用手腕，肘关节就要紧贴身体。

所以，指尖派扇扇子的时候，将肘关节固定在体侧，手腕用力，扇面啪嗒作响，起风紧凑又密集。

手掌派抓握物品时佐以手掌，所以要经常使用肘关节，为了灵活自如地使用手掌，需要充分调动肘关节。

手掌派扇扇子时肘关节离身体较远，扇起风来速度虽然不快，但是风力十足，感受到的凉爽毫不逊色。

如果所处空间狭窄，手掌派也能够快速转动手腕扇扇子，所以，如果想用扇扇子的方式来判断自己是哪一类型，最好选一处足够肘关节活动的宽敞场所。

跳绳的时候，指尖派会将肘关节固定在体侧，用手腕摇绳，也就是手腕用力反推将绳抛出后再跃起。手掌派则是将肘关节大幅度远离身体，利用肘关节的反推力，将绳抛出去。

　　因此，跳大绳的时候，摇绳的两个人如果类型不同，常常会让绳子在空中拧劲儿，看起来飘飘摇摇的不稳定。很多人上学的时候都有过这样的经历吧。

　　翻单杠也是如此，指尖派和手掌派的上翻方式截然不同。

　　指尖派会将胸口慢慢拉近单杠，手腕用力，猛地翻上去。手掌派则先将身体远离单杠，利用肘关节的离心力，忽悠一下翻上去。

　　教孩子跳绳或者翻单杠的教练如果是与孩子类型不同的人，且又要求动作细节与他一致，那么孩子既学不会，又很痛苦，甚至会被贴上运动白痴的标签。

　　说了这么多，你是不是能想象被与自己类型不同的父母强制做事的顺序或方式时有多么焦虑，甚至可以说极其危险。

　　事实上，不仅仅是运动，收拾物品的方式、做事方式、学习、爱好，等等，亲子之间大多不会一致，因为每个人的大脑都有独特且难以改变的"选择倾向性"。

　　做父母的总是这样，固执地相信自己的正确答案是全世界的正确答案，打着为孩子好的大旗，要求孩子照搬照做。

咿呀学语、坐便盆、蹒跚学步，幼儿期的这些本领，没有太多选择性，当然可以照搬父母的做法。但是，仔细想想也不尽然，比如拿筷子的方式，父母的"正确性"就值得质疑。至于大运动的跳绳、翻单杠，一定要想想父母的要求是否适合自己。上了小学，你要彻底截断父母的"贻害"。

长大以后，更是没有必要因为无法达到父母、老师或是上司的期望而责备自己。

"明明按照领导说的做了呀，可还是一团糟。"

"事情是做成了，却没有感到快乐。"

"事情勉强做成，还有很多遗憾。"

如果是这样，那多半是因为他们的指导不适合你，试试其他方法吧。

父母原因造成的残障

一位朋友因儿子的口吃问题烦恼不已。

我问他是怎样的口吃，他说："总是 a a a，ou ou ou 的。"我有些不能理解，问道："那 i i i、ei ei ei 呢？""没有听到过。"朋友说。

我也不是十分了解口吃的机理，只是觉得有些不可思议，只能发出"a、ou"？"i"和"ei"不好发音，需要舌头用力，不过大部分人一紧张都会"i i、i ei、i i ei"的，他完全发不出来吗？怎么会有这样的事呢？

如果仅是"a、ou"，孩子的口吃应该是发生在纵向打开口腔的时候，莫非他不太会提高上体？怀着这样的疑问，我问朋友："孩子不会跳绳吧。"朋友吃惊地从椅子上跳了起来，激动地说："你怎么知道的？正是，这也是我的烦心事。"

果然如此。"如果是这样，恐怕是身体调动方式出现了问题，在语言治疗之前，先学习一下调动身体的方法吧。"我向朋友推荐了原宿的一家整体院，叫广户道场。

广户道场的负责人广户聪一老师既是学者，也是一名整体师，他发现人类调动身体的方式有四种，从理论（四姿势理论）上系统地阐述了适合每一类人的身体调动方式。广户老师同时还担任艺术体操国家队、职业棒球队的顾问教练员。

朋友的儿子由广户道场的山本裕司老师负责指导，山本老师一眼就看出了问题所在。孩子做动作的方式与调动身体的类型不符，所以不能顺畅地提高上体。

孩子是手掌派，力量集中在手掌，如果不运用肘关节，他就不会跳绳。

可是，他的父母是指尖派，他们跳绳时将肘关节固定在体侧，手腕用力摇绳跳起。所以，他们要求孩子也这样做：把肘关节挨紧身体，不要晃来晃去的！平时他们确实是这样要求孩子的。不仅是跳绳，肯定连跑步、读书、写字、用筷子，等等，都被这样反复要求。

时间一长，孩子就不会使用肘关节这个平衡器了，仅靠身体用蛮力做事。他的口吃完全是父母造成的，朋友的育儿烦恼源于对儿子过度的爱。

当老师告诉孩子可以随便使用肘关节，孩子被彻底解放，15 分钟就学会了跳绳，并且再也没有口吃过。

大概过了两个月左右，这位朋友满面笑容地对我说："我去参加了儿子的运动会，没想到儿子竟然是赛跑项目的先头军，以前都是被落的老远呀。"多棒的事情呀！他接着说："不过看着他那晃晃悠悠的胳膊肘，还是觉得不太舒服。"……哎呀呀，那有什么关系呢！

你和你的母亲之间或许也有类似的问题，口吃和跳绳比较容易理解，可能在更复杂的事情上你受到了父母的"毒害"。

问题是父母偏执地认为自己的正确答案是全世界的正确答案，而孩子呢，也天真地相信确实如此。

作为孩子，你一定要醒悟啊，父母的正确答案并非是全世界的正确答案。

你是不是曾对父母的强制要求感到痛苦、感到无能为力？

如果是，那就不要听父母的话了，即便父母明确说："坚决不行！"你也完全不用理会。

一招解决"公主抱"与护理

上文讲到了指尖派会将肘关节固定，使用手腕，而手掌派则固定手腕，使用肘关节。

每个人都有容易调动的关节和不容易调动的关节，身体所有的关节同时使用的话，手脚会不听使唤，身体摇晃，失去平衡。行动时，需要支撑身体的关节和做出动作的关节，指尖派和手掌派在这两种关节的组合方面，也是不同的。

指尖派，除了手腕以外，肩膀和腰比较好用，胸口和膝盖比较难调动。也就是说，后背很硬，不太容易做到后仰，不过腰却很柔软。

如果"公主抱"、翻身的对象是指尖派类型，托住

后胸口（胸罩下边缘下方）和膝盖里侧就可以，就像
抓起一块薄木板一样，轻松抱起。

而手掌派类型的人，胸口和膝盖柔软容易调动，
肩膀和腰不太灵活。因此，给手掌派的母亲翻身时，
如果托住后胸口和膝盖里侧，会感觉怎么也使不上劲
儿，半天也翻不过去。

"妈妈，你好重啊"，这可是莫须有的"罪名"
啊。妈妈本人呢，也要关节用力配合着，若是本就不
舒服，那可真是吃不消。

其实，对于手掌派的人，手应该放在肩膀（胸罩
下边缘的上方）和腰部（屁股根附近），一下子就能
成，你肯定会惊讶"哎呀呀，妈妈这么轻呢"！

如果不知道自己的妈妈是哪一类型怎么办呢？

那就趁着妈妈健康的时候，给她一个"公主抱"。

"后胸口、膝盖里侧"比较容易抱起的话，就是
指尖派；"肩膀、屁股根"比较容易抱起的话，就是
手掌派。

呃，两种方法都不能顺利抱起？那……就只好辛
苦你在护理的时候多多尝试，找到容易用力的部位吧。

给即将结婚的读者的建议。结婚前一般会拍婚纱照，都会让新郎"公主抱"新娘，到时候一定要记得搞清楚新娘是哪一类型，如果抱错了位置，不但新郎很辛苦，新娘也会看起来胖了五公斤似的。被两只手腕笨拙地托住身体，新娘的脖子会本能地缩回来，脸的轮廓膨胀起来，显胖，拍不出美丽的婚纱照。

如果不知道新娘的类型，那就试试上面讲的两种抱法，新郎感觉轻松的方式就是让新娘更美丽的"公主抱"。

倾斜派、笔直派

另外，指尖派和手掌派当中又都存在倾斜派和笔直派。笔直派，面对物或者人时，笔直而立更容易用力；倾斜派，则是倾斜一些才舒服。

尝试一下这个动作，用尽全身力气推一面墙，如果你本能地保持双肩与墙壁平行，那就是笔直派；如果单肩靠向墙壁用力推，那就是倾斜派。

将食指转向大拇指侧的人（压低肩膀准备防御）、将无名指转向中指侧的人（双肩缩拢）是笔直派，其余两种类型是倾斜派。

笔直派会笔挺地坐在桌前，端端正正地放笔记本，端端正正地写字，对他们来说这很自然；可是倾斜派如果不斜着放笔记本或是歪着坐，字就写不正。书法课上，要求倾斜派的孩子坐正的话，他们写出来的字是歪的，排列也是斜的。我自己就是非常明显的倾斜派，笔记本等学习用具几乎会横过来放，为此经常被笔直派的老师批评。

笔直派喜欢把桌子上的物品放得端端正正，倾斜派则喜欢扇形摆放，在笔直派看来，倾斜派的桌子散乱不堪。

即使是现在，我斜着放东西的习惯仍然时常成为夫妻吵架的缘由。

我喜欢把文件之类的东西摊开来放，呈扇形，这在丈夫看来是大大的"邋遢"。

反过来，我也看不惯丈夫把什么都放得端端正正的，总觉得这样对待物品太不走心，如果他把我送给他的礼物也这样笔直端正地放，我会很伤心。

而丈夫一看到重要的东西被放得歪歪扭扭，马上就会恼火，仿佛好好的东西被"流放"了似的。彼此都常有这样的感觉，心爱的物品被摆放在对方不满意的位置。

如此，与自己行为习惯不同的人共事或生活会让人焦虑。

倾斜派的找想学学武道，看着笔挺站立持剑，猛地向前进攻的剑术，我怎么也提不起兴趣，所以选了长刀。长刀从身体斜后方挥起，再斜着砍下去，这非常适合我的身体调动习惯。现在我一想起长刀，身体所有关节都本能地活动起来，大脑异常兴奋。

或许有人会觉得挥舞着比自己身高还长的东西一定很费力，其实不然。我儿子是笔直派，他从高中开始参加剑术俱乐部，最骄傲的是以最小的腕部动作迅速击中对方的腹部，而且儿子还是个大块头，对手仿佛被吹跑了一样，同伴惊呼"这是剑术吗？简直就是柔道嘛"！

对了，笔直派和倾斜派翻单杠的方式也不同，笔直派反握，倾斜派正握。那么正握好还是反握好呢？如果连这个都要强制要求的话，后果会很严重。

四种类型齐聚我家

上文讲过人类按照身体调动习惯可以分为指尖派和手掌派，二者当中又都有倾斜派和笔直派。

在我家，这四种人聚齐了。

我是手掌派+倾斜派，丈夫是指尖派+笔直派，儿子是手掌派+笔直派，儿媳是指尖派+倾斜派。

我是倾斜派，儿子是笔直派，丈夫是指尖派，儿子是手掌派，在行为习惯遗传这一点上，我们夫妇俩算是打了个平手。

记得儿子小时候，在我怀里总是不高兴，因为我是斜着抱，而爸爸和外祖父喜欢竖着抱，儿子到他们怀里就安静下来，因为差别明显，我也只好竖着抱了。

跳绳和骑自行车就该轮到我出场了，因为我俩同是手掌派，儿子更愿意模仿我的姿势，他总说"看不懂爸爸的示范"。

因为人们的身体调动方式不同，擅长之事也各不相同。如果父母将自己所长强加在孩子身上，孩子该是多么痛苦啊！想想都觉得心疼啊。

人还有个特点，会被不同类型的人吸引，所以，夫妻双方一般都是不同类型。自己做不到的事情，对方轻而易举地完成；对方紧急状态下的言行与自己不同，这些都令人痴迷，深深吸引着自己。虽然时间久了也会生气："他为什么会这么做呢？简直难以置信。"可是，大部分人还是痴迷与自己类型不同的人，甚至可以说无一例外。

不过，育儿就不会有这样的情况。父母双方一定会有一方与孩子的类型一致，所以建议父母双方都要参与孩子的成长。如果和祖父母共同生活的话，一定会有孩子的"同伙儿"。我家的四种人正在翘首期盼新生命的到来，哎呀呀，到底会是谁的"弟子"呢？无限期待！

正确答案不同，是非标准也会不同

我们夫妇俩与儿子夫妇一起生活，相处得很融洽，只有一次，差点引发婆媳矛盾，原因是一把马桶刷。

有一天，儿媳对我说："咱家马桶刷不太好用，我买了把新的回来。"然后就把我惯用的马桶刷扔掉了。

我实在用不惯儿媳买的马桶刷，不仅不能刷掉马桶边缘的脏污，还往脸上溅水！于是，我又重新买了一把惯用的马桶刷。

这时候，儿子不高兴了："人家好心买了一把新马桶刷，你又换成了原来的破马桶刷，爱子（儿媳）

很难过。"

"破马桶刷？哪里破了？厕所主要是我打扫，为什么我要忍受一把溅水的马桶刷？"我也很委屈。

"怎么可能呢？很好用啊，哪有溅水啊？"儿子反驳。

就在我以为持续了28年的母子情即将决裂的时候，我注意到了一件事，我们的身体使用习惯不同，一定是这样的！

儿媳是指尖派，而且习惯食指用力，所以，她是用食指摁住刷柄向前用力，用刷子边儿刷马桶边缘，那么圆头型平刷最适合她。笔直派的儿子习惯用刷子尖儿刷马桶边缘，平刷用起来也顺手。

我是手掌派，而且习惯无名指用力，因此，我总是握紧刷柄，刷面向外，转着刷马桶边缘，刷子肚儿挨着马桶沿儿走，所以，我喜欢用厚一点儿的棒状的刷子。我用平头刷刷马桶时，刷头儿总滑，挨到马桶边缘就会弹回来，自然会啪啪往外溅水。

我如此一解释，大家恍然大悟，矛盾迎刃而解。

刚开始，儿子认为我是一个古怪的妈妈，非要执着地用一把不好用的马桶刷，不肯接纳儿媳的好意，为此，我很受伤。

倘若我们对"身体调动习惯"不了解，那这个误会便不会消除，一定会让彼此都很受伤，恐怕我们早已分开单过了吧。

我想每个家庭都有过类似的误会吧。

调味料的盒子放哪里，怎么收放锅具，怎么收拾冰箱，洗碗的顺序，等等等等，这些事情不仅会发生在婆媳之间，母女之间、母子之间，每天都在发生。

这时候，如果相信"这个世界有绝对的正确答案"的话，双方都会绝望。妈妈觉得孩子不懂事，孩子认为妈妈不讲理，隔阂渐生。

如果你认为每个人都有自己的正确答案，这些问题就不会发生。而且，也不是有很多种类型，仅仅四种而已。遇到分歧时，你会想："啊，妈妈是某某类型的缘故呀。"妈妈也会想："你是某某类型的哈，不习惯也可以理解。"

做好任何情况下都支持妻子的心理准备

这里我想再谈一下儿子的行为——支持儿媳，批评自己妈妈，这是完全正确的，就算最后闹到分家另过，儿子也应该无条件支持自己的妻子。

无论发生什么事情，丈夫都应该无条件地支持妻子，有了这种安心感，儿媳才能敬重婆婆。

因为儿媳孤身一人来到这个新家，对这里的一切都不熟悉，各种工具收在哪里？小物件如何安置？做事有什么特殊习惯？熟悉一切的丈夫如果站在公平的角度来评判，那才是不公平呢。

举个例子，如果妻子被婆婆数落了，向你诉苦："婆婆数落我说……"，你不可以说："妈妈也没有恶意，你别放在心上。"你要表现得比妻子还要生气：
"真的吗？这么说话真是脑袋缺根筋呀。"这时候，妻
子肯定会冷静下来，说："我也知道妈妈没有恶
意的。"

我认为刚结婚时，男方就应该和自己的母亲明确
表明这一立场。

"妈妈，从今以后我要和我妻子站在一起，如果
你们俩有了矛盾，只要不是违反法律和道德，我都会
支持她，我觉得这样才是夫妻。但是，我对妈妈的爱
不会改变，内心是和妈妈一伙儿的，希望妈妈能理
解我。"

妈妈也是儿媳，也是妻子，"既然是夫妻，就要
荣辱一体"，对这样美好的宣言能说什么呢！大部分
妈妈都会为这样的儿子感到骄傲。

听到这样的宣言，妈妈会失落？

不会的。不知不觉间，妈妈会和儿子成为"共
犯"，一起爱护儿媳。有点儿像是"婚外恋"的感
觉，明明心意相通，却要装作不认识。妈妈的爱比你
想象的要坚挺、深沉。

我儿子很爱儿媳，凡事200%优先儿媳，因此，儿媳以"胜利者的姿态"对我很体贴。

有一次，我的一位朋友发生了不幸，我正在哭，儿子夫妇回来了。我跑过去讲了事情始末，儿子紧紧地抱住了我。然而……他一边抚摸我的后背，一边用另一只手脱掉了袜子！

我清醒过来，问他："你是不是该注意力集中点啊？"儿子却说："太热了，一分钟也忍不了。"我又说："要是爱子的话，肯定双手紧紧抱住我，不会去想什么袜子的。"爱子当时也在场，马上说道："是啊，如果是我的话，肯定双手紧紧抱住妈妈，不会松手的，阿雄应该全神贯注关心妈妈呀。"我说："是吧是吧。"

然后，我乘势说道："养儿子就是这样啊，一心想着妻子啦。"儿媳听了说道："可是妈妈，你想想看，一个男人一生只爱一个女人，这不是很了不起吗？"

瞧瞧，多么棒的回答！我彻底折服。

我儿子也算是养育得不错，可儿媳更是出众，我都想做一个日历牌来记录儿媳的每日"名言"。

朋友的不幸再度让我陷入悲伤，儿子紧紧地抱着我，安慰哭泣的我。那一晚，儿子和儿媳的温柔治愈了我。

男女之间没有通用的"已知"

人的身体调动习惯有四种类型，人在紧急情况下的言行可分成两种。

一种人遇到可疑情况首先望向远处，一旦发现运动的物体或是危险的事物，马上瞄准；另一种人则密切关注身边事物，不放过任何细节。远处与近处不能同时进入视线，所以紧急状态下只能二选一。

人会根据事发当时的情况做出合适选择，但是，仍然存在优先顺序。男性一般看远处，女性一般关注近处，这或许是男性大脑是狩猎型、女性大脑是育儿型的缘故吧。

因此，夫妻、母子之间没有通用的"已知"。因为提到"那个"时，男女双方的视点是错位的。当你坐在副驾驶位上跟丈夫说："在蓝色广告牌的地方停下"时，可丈夫却说："蓝色广告牌？哪有啊，你的描述真是令人费解。"气得你很无语。其实，这样的事情全世界的夫妻都经历过，母子之间也是常有的事情。不存在谁对谁错，只是男女在紧急状况下的视点不同而已。

男性朋友们，当你找不到妈妈说的"那个""那里"时，试着把视线拉近一些，或许就找到了。毕竟，目标不会在你的可视范围之外。

令人恼火的对话的真相

当有问题发生时，人们的思考模式也分两种。

一种模式反复思量事情经过，试图寻找根本原因，另一种则集中精力想措施，急于解决问题。

还是那句话，人会根据情况选择合适的思考模式，但是仍然存在优先顺序，紧急状况下只能选其一。女人大多是"过程派"，而男人大多是"措施派"。

这两种类型之间的对话最不投机。

"过程派"先从事情经过讲起："对了，当时我一说这话，他便说……"

"措施派"着急听结论，会变得不耐烦起来："你说的是哪件事？""能不能先说结论啊""你应该这么做的"……

"过程派"的思绪被打断，心中十分恼火。

"他太过分了！""这家伙脑袋有毛病！"双方常常陷入这样的误会当中。

与"过程派"聊天，要感同身受地仔细听着，还要积极应答，"是吗""这样啊""我懂我懂""你受苦了呀"。一番倾诉后，她的大脑会发现一些线索，最后一气呵成找到解决问题的办法，因为从回忆中寻找答案是"过程派"大脑的使命。

所以，和妈妈聊天，一定要感同身受地听她讲话。本书接下来也会反复讲到这一点。

是非标准并非唯一

紧急状况下，人们的所见、所想、所行如果不同，开心的事也好，正确答案、是非标准也好，都会不同。全世界的妈妈与孩子都应该懂得这个道理。

上文讲过，大部分夫妻都是不同类型，那自然他们的孩子也是类型各异。母子不一致的例子，比比皆是。

妈妈不可以武断地按照自己的想法养育孩子，这是育儿的根本。

但是，大部分妈妈都不懂得这个道理。因为不是所有妈妈都是人工智能的研究者，原谅她们吧。

因此，希望能从读到本书的你开始改变，当母子之间出现分歧时，你要坚持住这个信念——是非标准并不是唯一的。

摆脱妈妈的影响，获得真正的独立

真正的独立是不受父母执念的影响，自主自由地生活。

就算经济上依赖父母，如果你能做到"不看父母脸色行事""不全盘接纳父母的意见"，那也算得上获得了独立。

相反，你经济独立，是一位出色的职业女性，可是仍然因为妈妈的一句"怎么还不结婚呢？""不生小孩将来谁来给你养老？"而郁闷、消沉，那代表你仍然没有获得真正的独立。真正的独立是能够爽朗地对妈妈说："是啊，妈妈说得对。妈妈总是为我操心，谢谢啦。"真正的独立是从心底里认为："有人如此关心我，真温暖。妈妈，一定要长命百岁呀。"

你必须摆脱妈妈的影响，获得真正的独立。

否则，你不会活出真正的自己。

毕竟，你和妈妈拥有不同的身体调动习惯，不同的大脑构造，如果将她的愿望当作世间的美好，那你成就的便是"妈妈的人生"。妈妈也不希望子女走自己的老路，希望他们能有更好的人生，却不知不觉地将他们困于自己的执念之中。

称妈妈为"毒母"也无济于事

近来，有一种蔑视、仇恨妈妈的风潮，将妈妈称为"毒母"，这可并非上策。

无论是蔑视还是仇恨，都表明你仍然十分在意妈妈的看法，仍然处于被妈妈左右的状态之中。

从大脑的工作机理来分析，"喜欢"的对立面并不是"讨厌"。

"喜欢"和"讨厌"在大脑当中都是一种"对于认知对象过度反应"的状态，只是方向不同罢了。实际上，"喜欢"和"讨厌"是一种十分相似的信号模式。

"喜欢"的对立面是"漠不关心"，是一种对于认知对象无反应或者根本不识别的状态。

不记得因为什么了，著名歌手麦当娜曾被猛烈抨击，她的处理态度是：无论被怎样抨击，我都不在意，无所谓。真是酷毙了！从脑科学的角度来看，这么做也是绝对正确的。我也一样，如果有人批判我，我会很高兴："哎呀，他的大脑被我刺激到了，做出回应了。"既然我已经表达出来，没有入你的心就罢了，如果入了你的心，是否满意是尊驾的自由。

当处于厌恶妈妈、蔑视妈妈或是仇恨妈妈的情绪中时，你无法摆脱妈妈的影响。

试一试漠不关心吧。面对她的愁眉苦脸和唠叨，你要下定决心不予理会。也只能从这做起。

因为，无论大脑中积攒了多深的厌恶情绪，你都不会从妈妈的控制中解放出来。

敌人会抛出"世人"这柄利剑

话虽如此，妈妈们也不可小觑，她们不是"自己"，而是代表"世人"，用"世人"来下"咒语"。

我说的话是"世人的理想"，是"世人追求的幸福"。孩子一旦信以为真，便很难逃脱妈妈的魔咒。

大学时代的一位朋友确实活成了她妈妈希望的样子。

她的妈妈既美丽又温柔，从不批评或者强制她做什么，只是讲希望云云。

朋友如她妈妈所愿，就读于当地最好的高中，以优异成绩毕业，当年就考上了一所国立大学。穿着妈妈希望她穿的衣服，学习茶道，苦练英语口语，确实成为了妈妈眼中"优秀的女儿"。

结婚也是，妈妈希望她嫁给医生或者牙医，她果然去相亲了一位优雅的牙科医生，并且结婚。男方和她是同乡，虽然不是土生土长的东京人，却在东京有一处适合开诊所的房产。婚后，她顺利怀孕，妈妈说："男孩最好生两个，如果长子不想继承家业，那还有次子候补。最好还能有一个女儿。"果然，她生了三个孩子，两男一女。她的孩子们也很争气，或当医生，或成了牙医。多么完美的人生啊！

我从18岁看着她一步一步走过来，她坚信"妈妈的美好"就是"自己的美好"。因为那是"人人羡慕的普世美好"。像她这样，按照妈妈想法生活的人是有的。

按妈妈意愿生活的弊害

然而，有着完美人生的这位朋友抑郁了，因为她的妈妈对她说："你已经实现了我的全部愿望，再没有什么希望你做的了。"

她告诉我，当时感觉自己像是变成了一具空壳，从此以后活着的目标是什么呢？完全迷茫……

我劝慰她做自己喜欢的事，可是她最大的烦恼就是不知道自己喜欢什么。从那以后很长一段时间，她都无精打采，过着人云亦云的日子，搞得自己精神压力很大，有几次还陷入不必要的纠纷。

脑的选择度低也意味着满足度不高，有时候感觉取得了很多成果，满足度却未必高。这是大脑的复杂之处。"按照自己的意愿做事，结果失败了"，这样的人比实现了"世人的理想"的人更容易感受人生的充实，就是这个道理。

如今，我的朋友已经六十有余，每日忙着照顾孙子和丈夫的诊所，她过得挺开心。为别人而活，或许是最适合她的生活方式，因为她是一位热情、聪慧又十分优雅的女孩。

因为没有看到她违背妈妈想法的人生，所以很难评判哪一种更好。只是，她陷入抑郁的那段时间，我确实对她妈妈的教育方式有些生气。

人，到底应该怎么活？

人生到底是什么？如何生活才是正确的呢？

每当思索母亲、育儿这样的大课题时，我都会深深地叩问这个"人类的大主题"。

当儿子被赐予到我身边时，我真切地希望他能按照自己的心意成长，因此，我尽最大努力保护他的好奇心，努力给他绝对的信任和支持，无论发生什么事。

凡是禁锢好奇心的事情，一概不要求他做。没有上特长班，也没有补过课。如果他自己出于喜好要去特长班或者补课班的话，我也会让他去，可是他希望的是能拥有"海量自由时间"。

作业也是，实在觉得无聊的话，不做也行，我替他做。

身为母亲的我实在过于"放纵派"，儿子反倒成了谨慎派，小时候他曾教我："妈妈，咱们遵守规则""别人不是这么认为的呀""在这儿咱们要保持安静"。

现在想想，我坚持的与世人恰好相反的"自由生长"原则或许也带给了儿子不少痛苦吧。

儿子长大后常常咨询我的意见："我想这样做，妈妈觉得怎么样？"因为他知道我的回答会引导他去实现他想做的事。

但其实他心里也很担忧："妈妈的意见总是与世人看法不同轨，不参考一下大多数人的看法总觉得很危险。"他确实也表达过这样的担忧。

我们之间还有一层关系，我是一家小公司的经理，他是主任。

儿子思路宽阔，思维拓展能力远超过我，落实战略的沉着与冷静也远在我之上。

我对自己的无限想象力很有信心，可总喜欢将资源集中一处做事的战略，有时候有些不切实际。他不会完全接纳我的意见，会把我的意见当作"崭新的思路"融合进他的想法中。

儿子不是按照我的预期成长，而是远远超出我的预期。我很庆幸他能拥有与我不同的才能，总是给我惊喜，每当这时他都十分开心。

但是，在他如此成熟之前，我想他也一定经历过很多煎熬，为了超越我这个十分固执的妈妈，也为了能够顺利地将妈妈化为助力。

想想最近几年我俩的相处，就有很多迹象表明了这一点。公司的会议室是我们的日常辩论场，我一步不让，他也一步不退。在儿子眼里，我恐怕是一个十分棘手的对手，因为每次向我提相反意见时，他都会准备很多理由。对我来说，儿子也不是轻易能够说服的对手。但正因为如此，我俩才能成为生意伙伴。

结论就是，无论妈妈怎么做，都会让孩子很烦恼。妈妈给予的一切都重重地压在孩子身上，因为给予的同时也是剥夺。去了特长班或补课班，自由时间会被剥夺；拥有了自由时间，"更上一层楼"的机会被剥夺。

　　妈妈们一边不断地给予，一边不断地剥夺，只要妈妈有所期望，或者说只要妈妈深爱着孩子，这就不会改变。

　　那么，理想的妈妈到底是什么样子呢？

身体调动习惯影响性格

继续聊聊大脑的工作习惯。

身体调动习惯同样会反映在行动意识中。

行动意识集中在指尖的指尖派遇事总想"抢先抓早"。

一旦想到什么事，便立马去做。善于做计划，行动敏捷。早早开始做暑假作业，旅行之前要把所有细节都确定好。

可是，他们不善于应对意外状况，缺乏解决突发事件的从容和坚忍，有时会不顾后果地撂挑子走人。

手掌派大多是"浮想联翩型"。

手掌派行动之前沉得住气，思维天马行空。做事不提前做计划，总是日期临近才动手。不过，正是因为事前有过胡思乱想，他们极具想象力和开拓力。因此，手掌派擅长应对意外状况（原本他们每天的生活就充满意外），一旦决定了的事情，不会轻易放弃。

什么暑假作业，什么旅行安排，都不知被风吹去了哪里。但是，他们天生有能力让"说走就走的旅行"充满乐趣。

在指尖派的妈妈们看来，手掌派的孩子总是天天被催促，"为什么还不快点干？提前干完后面就会轻松了呀。""快点！""这点儿小事自己做！""我说你呀，怎么这样呢？"这些话几乎成为妈妈的口头禅。即便是这样，很多手掌派的孩子不会很在意妈妈的唠叨，不会嫌弃妈妈干涉自己的生活，反而通过这个过程变得和妈妈很亲密。

手掌派的妈妈们会感觉指尖派的孩子不太需要担心，自己的事情都能又快又好地做完。一旦讨厌什么，马上放弃，妈妈也很难干涉。正因为不太需要妈妈操心，他们和妈妈的关系可能会比较淡。尤其是如果有手掌派的兄弟姐妹的话，因为妈妈总是操心他们，指尖派孩子会觉得妈妈的爱都给了他们，忽略了自己。

兄弟姐妹中总是我挨骂，兄弟姐妹中总是我不被关注，总是我受冷落，如果你有这样的感觉，那或许是因为你和妈妈的身体调动习惯类型不同。

倾斜派与笔直派的性格特征也很明显。

笔直派做事总是从正面着手，正义感强，有时候有点不讲人情，处理人际关系也是直来直去，一朝解决，不留后患。

倾斜派是斜着身子看事物，容易看到事物的侧面。很多倾斜派的孩子从小能像大人那样，不止看事情的表面，还会思考其他可能性。他们不太与人正面冲突，不过，因为喜欢猜测对方的"背后意图"，如果闹掰了，十头牛也拉不回来。

有意思的是倾斜派和笔直派比较合拍，倾斜派喜欢笔直派的单纯直白，笔直派喜欢倾斜派的柔和。而笔直派和笔直派在一起时，好的时候无话不谈，一旦有利益冲突，双方都直来直去硬碰硬，容易陷入不可挽回的僵局。倾斜派和倾斜派呢，好的时候亲密无间，一旦有了矛盾，容易将彼此丢入"厌弃之海"，再无来往。

"努力就能成功"是谎言

妈妈是一种贪婪的生物，她们总是希望孩子完美无缺。

英俊潇洒、行动敏捷、决断力强、温柔体贴、稳重大方、坚韧不拔，学习好，体育好，音乐好……

从脑科学的角度来看，这样的人不可能存在。"英俊潇洒、行动敏捷、决断力强"与"温柔体贴、稳重大方、坚韧不拔"原本就不能在大脑中共存。

大脑做不到面面俱到，就像指尖与手掌无法同时用力一样。"卓越与无能共存"是大脑的真实状态。

但是，因为期待孩子是全才，在妈妈眼里，孩子的缺点便被放大了无数倍。从孩子的角度来看，妈妈则时时在挑剔和指责自己的弱点。

越是深爱孩子的妈妈，越是对孩子有很高期待的妈妈，越容易成为难以接近的妈妈。

相信孩子的妈妈会对孩子说："孩子，努力就会成功"。

努力真的会成功吗？

理想很美好，现实却很残酷。从大脑机能来看，这句话相当危险，无论对孩子还是对自己，我绝不说这句话。

"努力就会成功"是明晃晃的谎言。确实是没有什么事情是做不到的，但是，那些不适合自己的事，完成的精度很低。有时候还会很危险，会损伤身体。以不适合自己的方式生活的话，顶多是个模仿的二流人生。

看清自己的长处与短处，充分发挥长处，那些做不来的事让其他能做的人去做，早些认识到这一点很重要，这才是"人生达人"的秘诀。

我觉得这件事原本应该是妈妈为孩子做才对，这才是好妈妈该有的样子。

如果妈妈没有期待，孩子同样也不会茁壮成长。只是，妈妈应该把期待放在孩子的强项上，为了充分培育孩子的强项，要宽容对待孩子的短处。有必要的话，要保护孩子免受社会舆论的伤害。

期待孩子是全才的妈妈，一味关注孩子缺点的妈妈，是孩子人生之害。前者那样的妈妈读书时一般都是优等生，后者则多是胆小畏缩型。无论哪一种，她们肯定每天都生活在优越感与自卑感的对抗当中，她们的人生肯定也特别糟糕，我很同情这样的妈妈。

如果你被妈妈要求做你不擅长的事而焦虑不堪，或是感到十分自卑，那么尝试对自己默念无数遍："那不是我的个性""只是各有所长而已嘛"。

送给被爱面子的妈妈抚育长大的人

懂事、有礼貌、毕业于好学校，工作稳定，在刚刚好的年龄遇到心爱的人，成家立业，儿女双全。妈妈对孩子的期望大概就是这样的，完美得无可挑剔，圆满得几乎令所有人羡慕。

可是，这样的人生有什么乐趣呢？

我家儿媳已经怀孕，今天是 8 月 31 日，偶然地我们聊起了暑假作业的话题。

我儿子很不喜欢做暑假作业，也不知道为什么，每次都是 8 月 25 日左右开始嚷嚷，这也没做，那也没做。每年的 8 月末家里一团忙乱，我和丈夫必定在这个时候休年假，一起帮他做暑假作业。

儿媳听了，抚摸着肚子淡定地说："希望宝宝和他爸爸一样不喜欢暑假作业，因为我小时候最喜欢做暑假作业啦，作文写的可好了，还得过很多奖呢。不过，最头疼那个小发明还是小制作的项目，这个你们谁来？"

儿子接过话兴奋地说："没问题，交给我吧。我打算做一艘小船，在隅田川航行。"

"不行不行，隅田川太危险了，还是放在足尾町的湖里先试试吧。"我认真地劝道。儿子三年前在日光市足尾町买了一块森林，动机之一就是"可以砍伐木材，亲手做一艘小船试试"。所以，他要给自己儿子做船，100%是认真的。他接着又开始天马行空地计划："一二年级的小发明，估计只能做出个模型，实物的话，怎么也得三年级以后吧……"

我顺口说道："我也可以写写绘画日记，好久没写了呢"，可是说完马上意识到这样不对，暑假作业应该本人自己做的，怎么能帮忙呢。

这就是我家的育儿氛围！和别人家的"正确育儿"相去甚远。

可是，有什么不好呢？每个人都快乐无比呀！

只要让孩子吃饱，睡好，帮他养成读书的习惯，他一定会健康成长，剩下的就是根据自己的实力，做一个对社会有用的人。

曾经有一位读者给我写过这样一封邮件：您能如此骄傲地写育儿书，想必您的儿子一定很优秀吧，最低也是东大生吧？我如实回复：并不是这样。我儿子目前读高中，他似乎对东大不感兴趣。当时我没有弄懂他写这封邮件的目的。过了一段时间，我明白过来了，他是讽刺我："自己孩子也不是精英，不要高傲自大地写什么育儿书。"原来如此！如果孩子不是彬彬有礼的尖子生，妈妈就没有发言权啊！

事实确实如此。在 PTA（学校-家长联合会）大会上，备考一流校的学生的妈妈们侃侃而谈，而我这种对孩子散漫放纵，又不上补课班的妈妈总是被冷落一旁。当然，也可能是我自身的原因，不善言谈，也不懂世故，不知不觉已经成了 PTA 的累赘了吧。

因为有这样的压力，妈妈们为了获得社会的认可，才努力地认真地培育"好孩子"的吧。孩子成为她们行走社会的护照。而她们培养的孩子，如果很成功，会继续在自己的孩子身上复制这种做法，如果失败了，就会患上"恐母症"。

育儿是如此悲哀的事情吗？

"妈妈，真可悲呀！"

如果你的妈妈让你十分焦虑，你完全可以这样想，可悲这个被世人戏弄、没有独创性的妈妈！

再加一句也无妨，那就是"真小气！"——本章开宗明义的那句话。听起来有点过分，不过，如果不这样自我开导，真的无法摆脱整天标榜"世人如何如何"的妈妈们。况且，也没有必要因为这点儿事情和妈妈断绝关系。所以，大胆地回应吧！

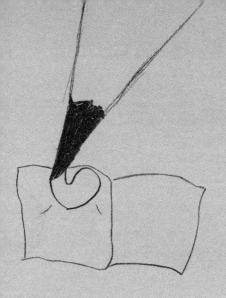

第三章
摆脱妈妈节奏的秘诀

妈妈的正确答案未必是你的正确答案，虽然妈妈不高兴了，你也不必在意。不要畏惧妈妈的脸色，偶尔也要大胆反抗：真小气！真是个可悲的女人！

上文讲述了将妈妈关在你的心灵之外的办法。

妈妈的正确答案未必是你的正确答案，虽然妈妈不高兴了，你也不必在意。不要畏惧妈妈的脸色，偶尔也要大胆反抗：真小气！真是个可悲的女人！

然而，很多时候也不能完全将妈妈拒之门外。第一章曾讲到用"谢谢"和"对不起"搪塞妈妈"多余的关心"，接下来，再详细聊聊这类办法。

应付妈妈冗长电话的办法

我的妈妈可以说是一个比较随意的人，从没有要求我"好好学习""言谈举止合乎礼仪"之类。20岁生日那天，妈妈对我说："以后我们要做最亲密的朋友呀。"果然，后来妈妈真的成了我的闺蜜。

但是，妈妈也有令我头疼的时候。她对待我的男性朋友就像给她自己选男友一样严格。她这个年龄段（1926—1936年之间出生）的妈妈大部分如此，期待女儿嫁给医生或者比医生还优秀的精英，所以我记得她只对学医的男性朋友很友好，其余的要看考大学时的偏差值（是指相对平均值的偏差数值，是日本人对于学生智能、学力的一项计算公式值。——编者注）

了，偏差值越高她态度越好。

我丈夫当年去我家见我爸妈的时候，妈妈冷淡地问了一句："为什么没有去东大呢？"

丈夫面不改色，柔和地说："因为对东大没有兴趣。"爸爸对他的回答相当满意："这没准才是个大人物呢。"

后来我才知道，丈夫说的没有兴趣是真的。他从来没有对"东大毕业或者成功人士"有什么痴迷。当然了，这和他的家庭环境有关系。他们家在东京中心地带有一处带院子的房产，父母小有资产，他是长子兼独生子，年轻时候又是个风度翩翩的美少年。他从来没有需要通过废寝忘食地学习考试而去争取的东西。

结婚以后，妈妈盼着我早点给她生个外孙，几乎每天打电话来问："怎么样？怀孕了没？"

没办法，我也只能当作耳旁风了。

妈妈的愿望就是这样单纯而直白，跟小孩子撒娇一样，我不觉得麻烦，反而很有趣。

真正令我头疼的是妈妈打给我的电话粥。

"今天啊，我在医院的等候室遇到了野村先生的太太，野村先生，你还记得吧，就是……"妈妈会把今天发生的事情事无巨细且从头到尾地跟我讲一遍，最后还要来一句俗语名言什么的教育我一下，或是某个相声艺人名段的结尾语，着实令我头疼。

离开家乡后，我成了一名理科专业的毕业生，泡沫经济时期我是一名工程师，不久结婚生子，边工作边照顾孩子。所以，无论哪个阶段的我，都很忙，几乎没有任何闲暇。妈妈的冗长电话总是让我很头疼，我是喜欢和妈妈聊天的，无奈聊天时间太长太长了。

现在大家都用 LINE，和妈妈交流多是语音留言等简洁版沟通方式，或许因妈妈冗长电话粥而烦恼的女儿不多了吧。即便如此，肯定还有人想既不会惹妈妈不开心，又能快速地结束妈妈的电话粥。

那么，怎么做才能快速结束来自妈妈的电话粥呢？

从"担心"开始接电话

首先，接妈妈电话时，不要从不咸不淡的应答开始，"嗯，是我""喔，妈妈，是我呀"这样的话纯属浪费时间。应该立即问："妈妈，怎么了?""妈妈，有什么事啊?"仿佛你一直挂念着妈妈，正好妈妈来电话了，心里咯噔一下紧张起来似的。妈妈为了让孩子悬着的心放下来，会尽快说正事。

只有一次，妈妈有些不高兴地说："怎么，没什么事就不能给你打电话吗?"我说："没有没有啦，一年365天每天24小时我都想着妈妈，所以妈妈一来电话，顺口就说出来而已。什么事儿都没有当然最好了。"从那以后，妈妈打电话来没什么要紧事的话，会直接说："没什么事儿，就是想听听你的声音。""突然很想知道你在干什么呢？"

这个时候，可以讲些生活或工作上的琐事给她听。对于专心做家庭主妇的妈妈来说，白领女儿的生活好比电视剧一样让人期待。这样做的好处是聊天能按照你的节奏画上句号，差不多时你说："明天我还要继续加油！那我要去洗澡了。"顺利结束聊天。

插入关于你的话题

上文曾经讲过，"过程派"的脑回路喜欢想到什么说什么，通过回顾事情过程获得线索，所以，容易进入"没什么特别的事，只是想聊天"模式。这个模式对育儿很有用，养育过孩子的女性特别容易频繁唤醒此模式，当孩子在附近的时候，越发如此。

因此，母子对话进入此模式几乎是必然。如果一味地当听众，那妈妈的思绪也会如天马行空一般，完全可以聊到"天荒地老"，因为她打电话的目的不是要告知什么，也不是有什么疑问，而是单纯地想聊天。

如果是恋人关系的话当然可以理解，热恋中的双方"想听你的声音，想了解你生活的所有细节"。可是，妈妈的声音，从出生听到现在，再熟悉不过，加上妈妈一成不变的生活，一遍遍地听，怎么可能不腻烦呢？妈妈自己讲着讲着不久也会烦。

所以，若要母子聊天实现"轻量化"，并且提高妈妈的满足度，就要在恰当的时候插入你自己的事情，讲点什么给妈妈听。

有现成的素材时，妈妈的电话一响起，我便迫不及待地讲给她："今天在银座的一家寿司店吃了寿司，就是很有名的……"听着听着，妈妈原本想聊的话题被抛之脑后，聊天按照我的节奏结束。当你成为"演员"，一句"改天带你去尝尝，那我先去做晚饭了，改日再聊吧"顺利挂机。

闲话最能表达爱意

也可以用这一招应对妻子或者爱聊天的女性朋友。

当你加完班回到家，想休息一下的时候，妻子却开始碎碎念一天的琐事和牢骚，弄得你更加疲劳。这时候，试试这个办法吧。

记住两个秘诀：一是积极地感同身受地应答，一是插入你的话题。

最好是你先开始聊天，"今天，附近河堤上的油菜花开了，你看见了吗?""中午本想吃麻婆豆腐的，结果卖光了。"聊聊你的日常，什么都可以。对于男性大脑来讲，这些简短的小事儿既不着边际，又没有目的，他们特别不擅长，可对于女性大脑来讲，这是最好的礼物。"漫无目的的聊天""没头没脑的话题"表示只是想和她聊天，对于妈妈或者老夫老妻来说，等于是爱的告白，千真万确！

女性朋友之间，聊闲话是再自然不过的事。

你肯定见过会议之前女生之间的闲聊："前两天，我在某某店吃了点心。""我在下水井盖子上滑了一跤，差点摔倒。""呀，你剪头发了？"有时候，正聊得起劲儿，画风一转，立马进入会议模式。

在男生看来，一个人的话还没有说完，另一个人却突然转入其他话题，实在难以理解，认为女生们"不听别人讲话""只是自顾自地讲话"，其实，这是误解了女生，大错特错！

其实，会前闲聊表明彼此"愿意聊天"，是会前准备体操。

也和婆婆聊聊闲话

会聊闲话的男生有女人缘，会聊闲话的孩子更惹人爱。

跟妈妈打电话，说完正事就挂断的男生，偶尔聊几句："今天吃了肉饼，附近开了一家肉店，卖炸肉饼。"妈妈肯定会说："对了，你最喜欢炸肉饼的。""肉店做的炸肉饼才地道呢。"

说完正事就结束的对话算不上聊天，这种随意的、没什么目的的对话才能让妈妈觉得和儿子聊天了。

女儿很自然地会和妈妈聊闲话，儿媳和婆婆可能就会少很多。

我家儿媳最初也是话很少，更不会和我聊闲话。她第一次和我聊闲话时，我有多么开心，至今都难忘。好像是"妈妈，回来路上我吃了一杯刨冰呀"之类的话，当时我心里乐开了花："呀呀呀，我也有女儿了！"其实，儿子也时不时和我闲聊，但是吃刨冰之类的事儿，他是不会当作话题和我聊的，儿媳简直太可爱了！

积极应对悲观妈妈没完没了的唠叨

话虽如此，面对悲观妈妈，女儿不愿意聊自己的事儿。

理由很简单，悲观妈妈对女儿的话，只会做悲观回应。即使女儿讲的是很开心的事，悲观妈妈也会说："那么铺张好吗？"

很庆幸我的妈妈不是这种人。妈妈觉得"铺张是美好"，和她分享我的人生中高兴的瞬间，她会比我还要高兴，所以我很乐意讲给她听。失败的时候，妈妈也不会说教我，而是和我一起悲伤，一起一笑了之。

真的同情悲观妈妈的女儿们。

悲观妈妈因为寂寞才给儿女打电话，可无论女儿提起什么，妈妈都是消极回应，女儿只好默不作声当听众，妈妈感觉到听众的漠不关心，越发难过，更加没完没了地唠叨。

切断这种恐怖轮回的唯一办法就是女儿的积极气质。

打断妈妈的话，插入你的话题，关键是即便被消极回应也不要在意，不要理会。

女儿：今天公司交给我一项很重要的策划。

妈妈：能行吗？接下这样的工作就难找对象了。

女儿：如果这个策划成功了，那下一个项目就由我负责了。

妈妈：某某的女儿，人家都……

女儿：我要去查资料了，祈祷女儿的事业节节高升吧！妈妈。

妈妈：我的话还没说完呢。

女儿：妈妈替我好好睡觉呦，晚安！

女儿：妈妈，今天我做了萝卜干。

妈妈：你还会做萝卜干呢？！

女儿：妈妈做的萝卜干很好吃呀。

妈妈：喔，对，你喜欢吃。

女儿：好像阿隆回来了，先挂了哈。

这样举例子是不是很清楚了，插入关于自己的话题，这样才能自然地制造结束聊天的契机。再怎么悲观的妈妈，面对如此积极主动地和自己聊天的女儿，也不会忍心继续纠缠的。

如果听众一声不吭，消极气质的人会不依不饶地步步紧逼。不仅对悲观妈妈，积极气质是驱散那些消极气质的同事或宝妈的唯一武器。

驱散消极气质的秘诀

妈妈说什么都是阴沉沉的，而且没完没了。

同事总是和我抱怨这抱怨那。

你肯定有过把自己宝贵的时间浪费在别人"没有尽头的唠叨"上的经历吧。总是被迫听别人唠叨抱怨的人，一般自己都没有什么可聊的话题，因为不能插入自己的话题，也就没有办法结束聊天。

那就开始一项爱好或者技艺吧。当同事跟你说："哎，能不能陪我聊聊天儿。"你可以说："抱歉啊，我傍晚要跑步。""我在学英语口语，每晚都在 ZOOM 上课，有点忙。""我最近要考个证，下次吧"果断拒绝。如果是妈妈，那可以给她讲讲你学习技艺的情况，何时结束聊天由你决定。

不一定非得是高雅的爱好。游戏、韩剧、小说都可以，大大方方地告诉对方"我急着往下看，抱歉"，顺利脱身。

有话题可讲的人，能够暗示对方"我不是个有空听你唠叨的人"。

为了保护自己，一定要成为一个有话题的人。

如果不小心让对方开始唠叨了，要找机会插入自己的话题，这样也能制造出口。听一会儿对方的抱怨，应答几句"你受苦了呀"之类，然后立即转向："对了，前两天我的英语口语老师……""前两天我看了一部韩剧，你一定要看喔"，以积极的话题控制住聊天节奏。

抱怨没有尽头，即便你提出解决方案，对方也一定会找出一大堆不可行的理由。抱怨的尽头不是"解决"，而是"跳转"，跳转到你的话题，然后你来结束聊天，一招奏效！

那对方会不会生气，说我不理她？由他去吧！不久就会有新人来充当听众。消极气质与积极气质无法相处，对方明白后会主动远离你。

也许你觉得这样对待悲观的妈妈有些不忍，妈妈们一定很伤心。完全不必担心，大部分悲观的妈妈会被女儿"积极人生"触发，变得开朗起来。如果是一心嫉妒女儿过得积极充实的妈妈，说实话，别管了吧，即便这样会伤害她。

一切向前看，保持好奇心，充实地过好每一天，这是应对悲观妈妈和那些消极气质的人的唯一办法，一定要记住喔。

不要勾起妈妈的"不放心"

　　到这里，总结一下。接妈妈打来的电话，不要说"嗯，是我"这种无关痛痒的话，要温柔地询问"怎么了""出什么事了吗"，还要适时地插入自己的话题，这是缩短电话时长并且提升妈妈满意度的秘诀。

　　那么，打电话的时候呢？和接电话基本一样。当你想问问妈妈是否安好时，不要问"最近怎么样啊？""还好吗？"这样含含糊糊的问题，要问"吃饭了吗？""有没有什么好消息呀？"这样的话题不容易勾起妈妈的唠叨和多余的担心。

　　我们的一天，由一点点好事、一些悬心事和大部分不咸不淡的事组成，听到"最近怎么样？""还好吗"这样的话，妈妈首先想到那些不放心的事，然后围绕来龙去脉，从头到尾细致地回顾一番。

从生下孩子的那一天开始，妈妈便将"不放心"放大很多倍，并且想象那些无法挽回的消极结果，总是提前做好措施预防孩子受到伤害。因此，妈妈很难改掉先想起"不放心"的事，并且往坏的方面想的习惯。

和妈妈聊天令人郁闷？

抱歉，不要耍脾气！妈妈就是用这样的习惯守护你长大的。不过，不是让你默不作声地当听众，而是尽量不要勾起她的"不放心"。

不问"最近怎么样"，问什么呢？可以问："吃什么好吃的了？""有没有什么好事啊？""前两天送给你的一品红，漂亮吧"，引导妈妈聊聊开心的事。积极的话题比那些唠叨更容易结束，打完电话后双方心情都会舒畅。

花心思做些铺垫，哄妈妈开心

可能的话，一接通妈妈的电话，就说点什么让妈妈心情大悦，后面的聊天会向好的方向发展。

我一般会说："好想听妈妈的声音"，妈妈会说："我也是，我也想听你的声音了。"

妈妈已经 90 岁了，每次听到妈妈说这句话我都会热泪盈眶，真希望能永远和妈妈这样打电话，但是，肯定这样的日子所剩无几了。

顺利铺垫后，继续聊闲话，"今天吃了康腌咸菜，好久没吃了，突然想妈妈了""今天来熊本出差了，给你寄芥末莲藕哈"等等。

然后，引导她想起一天中的"一点点好事"，比如

"吃什么好吃的了?""咱家院子里的牡丹开了吧"。

每个妈妈都想和孩子亲密无间又温柔似水地聊天,无奈,一张口那些唠叨、抱怨、吩咐却脱口而出,弄得孩子无法应答,只好默不作声,最后双方都闷闷不乐。孩子漠不关心的应答触发了妈妈的"不放心"脑回路,因此妈妈的唠叨更长了。

母子对话的终点是开心地挂断电话。

所以,打电话之前要做好谋略。想好最初的铺垫说什么,如何引导妈妈想起今天的开心事,再拨通电话。

一番努力后，仍然陷入消极模式？

当然，有时候无论你如何铺垫和引导，都挡不住妈妈的"不放心"、抱怨和唠叨。我的妈妈也有这样的时候，努力引导她想积极的事儿，可她无论如何都想让我听她说。如果你打电话是想确认妈妈是否无恙，那不妨听听妈妈的抱怨和唠叨，这时候才需要问："怎么了？妈妈，发生什么事了？"

年迈妈妈的话，有时候也需要认真对待，不能全都当作耳旁风，肯定会夹杂不少牢骚，不过偶尔当一次听众也是有效的沟通。

准备一个"万能段子"

我和妈妈总能以幽默的方式对待那些令她讨厌的人。

妈妈：田中太太呀，突然把我叫过去，说了一大堆莫名其妙的话，真是气死我了！

我：田中太太的姨妈，以前就是这样，你还记得吗？有一次，我看到一只小狗，喊了一声"小狗"，她就大呼小叫的。

妈妈：对对对，想起来了，她和我说"你家伊保子呀，把我家阿泰当小狗对待！"

妈妈和我：当小狗！（大笑）

妈妈：你爸爸呀，动不动就跟我发火。我也没干什么呀。

我：那爸爸太过分了。是不是你管他管得太严了呢？

妈妈：我没有啦。

我：爸爸当年对你是一见钟情，现在也是爸爸爱你更多吧。

妈妈：那倒是，你爸爸对我言听计从，什么都给我买。

我：是吧，爸爸其实是个很简单的人，只要你对他稍微温柔点儿就没事了嘛。

妈妈：啊啊，就是觉得麻烦呀。

我：看看看，女神的傲娇呀。

妈妈：说什么呢，哪有啊！

惹妈妈生气的人没有那么复杂，基本上可以用上面两个话题应对，好比相声里的包袱一样，每次抛出来都逗得妈妈开怀大笑。

妈妈对弟弟的一些牢骚也可以用类似的方式应对。

妈妈：研吾啊，动不动就生气。我也没干什么坏事呀。

我：是不是因为你总跟他唠叨同一件事呢？

妈妈：不知道啊，没印象。（一般妈妈说这话的时候，肯定想到了什么线索。）

我：对了，研吾刚才来电话，问你喜欢的盖饭的浇汁怎么做，还说正在想要不要带你去理发店，头发剪短了会不会难看，他什么事都替你想着呢。

妈妈：你们俩偷偷聊我呢。

我：是啊，经常。

妈妈：研吾有时候也很细心体贴的。

弟弟确实很孝顺，怎么给妈妈洗夏凉被啦，最近妈妈好像不爱喝水，给她弄点什么喝呢，等等，弟弟爱妈妈的事情很多很多。

应对悲观聊天，准备好一个万能的"段子"很有必要。

妈妈到了如今的高龄，似乎是为了听必定出场的"段子"才给我打电话的，为了笑一笑朋友的不讲理，为了铭记爸爸的爱和弟弟的孝顺。

感同身受的共鸣能让牢骚 "一气呵成"

没有有效的 "脱身术" 时，我选择彻彻底底地站在妈妈一边，做她的忠实队友。就算全世界都指责妈妈，我也不会丢弃妈妈，因为女儿对妈妈感同身受的共鸣让妈妈得到了足够的安慰。无论妈妈抱怨的是爸爸还是弟弟，只要我表现得比她自己还气愤，她很快就会消气，转而安慰我："你爸爸呀，也不是恶意的。""你弟弟呀，有些事做的也挺好。"

如果我先说："哎呀，爸爸也没有恶意。你总是拿过去的事来说，他情何以堪。"那妈妈一辈子也不会反省的。

长寿的女人大多懂得把握事情的发展走向。当我愤怒地说:"别和爸爸说话了,他太过分了!现在赶末班特快还来得及,我这就回去为你主持公道!"妈妈反而冷静下来:"你那么忙算了吧,还不至于呢。"从来没有真的被我的气话点燃过。

只有一次,我真的赶末班列车去给这对老夫妇当仲裁。当时爸爸正处于脑梗死后的康复期,无法控制自己的情绪,妈妈被他吓得实在没有办法,给我打了求救电话。如果那天我没有及时赶到,妈妈很可能会受伤,只有这一次,妈妈使用了我这张牌,我很庆幸尽到了做女儿的义务。

我儿子对我的一些牢骚也会感同身受地共鸣。

"哼,那可是太过分了!""哎呀,很疼吧。""妈妈受苦了,你是怎么挺过来的呢?""真的吗?那可太气人了!"

儿子总是很认真地替我气愤,所以我的牢骚话也不会持续很久。因为听众都给出了最大程度的理解和同情,还希望得到什么呢?

如果你的妈妈总是跟你发牢骚,是不是因为你没有奉献出感同身受的共鸣呢?

上一章也提过，和"过程派"聊天，基本原则就是共鸣。妈妈在孩子面前，基本使用的是育儿时的"过程"脑回路，因此，孩子以高度共鸣的姿态听妈妈说话肯定没错。

儿子也常给我一些建议。"哎呀，妈妈也是大意了，应该能想到的嘛，你对他那么说，他肯定这样怼你的。"那温柔的声音，那可怜兮兮的表情，仿佛他经历了整件事似的。

绝对不会像丈夫那样，一脸得意地数落我："开始就应该这么做的。""是你自己多管闲事了吧。"

儿子的建议有时候比丈夫的更犀利，但是我一点也不生气，之所以能成为让我振作的兴奋剂，肯定是因为他先给予了我感同身受的共鸣。

共鸣是最好的孝顺

我最喜欢儿子说的一句话：那真是太令人伤心了，哎，人生有时候真是无奈。

谁都会遇到做什么都不顺，折腾一天筋疲力尽的时候吧，这时候我会给儿子打电话诉苦，他便会说上面这句话。然后，一般都会十分关怀地问我："我去接你吧""要不要我给对方打电话，让他们通融通融呢"。

有了这几句话，悲惨的一天立刻转晴。有时候为了听儿子的安慰，我甚至想模仿电视剧里的可怜样儿。

但是，这样的诉苦电话，我也只打过两三回。因为我知道儿子会非常感同身受地同情我的遭遇，只要我想象一下儿子可能会说的话，一般的小事就挺过去了。

现在，儿媳也会为我奉献感同身受的共鸣。

当我受了委屈时，她会比我还生气。笔挺的小鼻子向上皱起两道褶，一脸严肃，宛如一头小石狮在发怒似的，我的怨气一下子消了。

因为他们夫妇的感同身受的共鸣，我甚至有点享受受委屈的感觉呢。"我要是这样诉苦，他们肯定会非常替我生气吧。"光是想象一下他们的样子，我都能笑出声。

如果问我最宝贵的是什么？我会毫不犹豫地回答："家人。"因为有了家人，人生才充满乐趣。无论受尽怎样的挫折，只要一回到家，见到家人，心情立刻晴朗，就像奥赛罗棋下到最后，吧嗒吧嗒棋子都变成了和自己同色时的心情一样。儿子和儿媳简直就是一盏魔法灯！

不过，也许你的家人不懂得同情和抚慰，总是急着给你建议，"妈妈做的也不对呀""当时应该这么做的""还有很多人比你悲惨多了"等等，老实说你可能会觉得他们没有那么宝贵吧。丈夫就是这种类型，有时候真想对着他施魔法，让他赶紧消失。不过，确实他也是不可替代的（笑）。

当然了，建议派的孩子也是爱妈妈的，正是因为爱妈妈才希望"改正"妈妈，所以总是提建议。

但是，请重新思考一下和妈妈聊天的目的。

是改正她吗？还是抚慰她呢？

如果你认为对话的目的是抚慰妈妈，让双方心情愉悦并且尽快挂断电话的话，那就向妈妈奉献感同身受的共鸣吧。

仅对心意表达理解

然而，很多时候即使被要求理解对方，可无论如何也做不到。因为大部分日本人接受不了心里想的是"妈妈做错了"，嘴上却说"我很理解妈妈的心情"。

日本人强烈希望"内心"与"事实"一致。也就是说，如果心里认为"他这么做不对"，那连他的人品秉性也要否定。反过来说，既然说了"你的心情我能理解"，就必须要按照对方说的做。

因此，日本人不大会说类似"你的心情我能理解，但是，做法不对"这样的话。

看看意大利人和韩国人，这两国人对话的逻辑属于共鸣型。

听别人讲话的时候，意大利人会配合以"Bene（不错啊）"，韩国人则常附和"그래（是吗）""그렇지（理解理解）""괜찮아?（要不要紧呀?）"，以高度理解的姿态听对方讲话，最后可能是坚决反对。

纵观世界各民族的语言，大部分都属于共鸣型，尽可能接受对方的"心意"，冷静地处理"事情"。

再深入观察意大利人和韩国人，发现他们都是家人联系紧密，重视母亲，以共鸣为基调的语言构造也许是形成这种国情的重要助力吧。

妈妈只要获得孩子的理解，就会心满意足，即使意见不被接纳，满足感也不会消失。

不仅是妈妈，伙伴啦，同事啦，都如此。

向重要的朋友或领导提反对意见时，一定要设身处地地想象对方的心情，这样会比较容易理解和接纳对方的心意。

"你的心情我能理解，你提的想法也很重要，不过，我有另外一种思路。"

"你的看法有道理，我也觉得这个思考角度很重要，不过，我还是有些担心。"

"你说的不对""那行不通的"是不是你常用来驳斥对方的台词呢?

那是因为你不懂妈妈的脑回路,只能说这是一种成熟度很低的沟通方式。

日本人的否定有些过了

按照日语的使用习惯，当主语是"我"时，会被省略。"不对呀""不行的"，上来就是否定，不说明主语。

这里暗含的主语是"我们"，甚至也可以是"世人"，以一种权威立场发话，有一种"这个世界正确答案只有一个，你做的不对"的语感。

英语不能省略主语。因此，表达反对意见时一般会说"我不这样认为""我还有其他想法""我担心这是不是有点冒险"，亲子之间也如此。

英语商务对话的基本原则是赞赏对方的"优点"。常常这样回复对方"有一定道理，很不错。不过，我认为有些过于冷静了。""是个好主意。不过，我担心不那么容易实现吧"。

"双方说的都有一定道理，这次我们要商量一个合适的方案"是这种对话的暗含语感。

不要否定对方的心地秉性，只是说出意见的差异之处，这样被否定的一方才不会太难受，否定方也比较容易说出"NO"。

如果日语也能够改掉省略主语的习惯，"NO"便不会成为破坏人际关系的因素。亲子之间这样交流："妈妈不能同意你的看法""爸爸担心你会受伤害呀"，既表达了反对，又传递了爱。

表达反对意见时加上主语吧

日语具有省略主语的语言特征，使得父母容易对孩子随意使用"行不通""不行""不对吧"这种否定表达方式。与使用英语的父母常说的"妈妈不能同意你的看法""爸爸担心你会受伤害呀"相比，日语的表达方式有一种否定存在或是人格的语感，是一种很伤人的表达。

孩子们长大以后，也会对父母常说："行不通""不行""不对吧"，父母觉得被孩子否定了自己的人格，很生气："怎么能这样对父母说话呢。"不对呀，父母生气的没有道理，因为，父母原不该对孩子那样说话。

　　日本人若不及时切断这种恶性循环，会一直很难处理好母子关系。希望你读了本书后会有所改变，无论对妈妈、孩子、丈夫或是同事，都不要开口便说"不行"。否定对方的时候，一定要加上主语"我"，在这之前要诚心诚意地接受对方的心意，说"不错呀""理解理解""是吗"等。

　　所以，在否定妈妈的提议时，要谨记这句口令"我非常理解妈妈的心情，但是……"

对待悲观妈妈也要与之共鸣吗？

有一次，我在某地演讲，有位听众提了这样的问题：我妈妈患有轻度老年抑郁症，看什么都很悲观，每天唉声叹气，总说"活着有什么意思呢，不如死了清净"。我很想对她好点儿，可是真的拿她那个什么都没意思、什么都是徒劳的论调没办法，忍不住就会说："世上比妈妈悲惨的人多了，不也都开心地活着吗？"妈妈听了无动于衷，仍然每日悲观叹气。对待这样的妈妈，我也必须要感同身受地共鸣吗？

提问题的是一位约莫五十多岁的男士，举止优雅，文质彬彬，不过面容憔悴，看得出来他确实很苦恼。

虽然我觉得肯定回答对他有点残忍，但是，我还是回答：是的。

因为能够拯救你和你妈妈的唯一途径就是感同身受地与之共鸣。

我的妈妈也患过抑郁症，患病时妈妈大概 85 岁。

妈妈是被授予了艺名的传统舞蹈的专业舞者，站姿优美，跳起舞来轻盈如蝶，天下无双。妈妈爱舞如命，年过 80 以后，腰和膝盖不好，走路要拄丁字拐，即便如此，她也坚持去练舞室，坐在椅子上，练习手部动作。

可是后背的压迫性骨折让她连坐着跳舞都必须放弃，此后，妈妈渐渐变得浑沌呆滞，终于也开始说"活着真是没意思"这样的话了。

起初，我安慰她："怎么会呢""怎么说这样的话呢？有你女儿在呢，还不能成为你活下去的理由吗"，直到有一次，我和妈妈一起大哭了一场。

我爱跳交际舞，有 43 年了，我曾公开说过如果不能跳舞，第二天就去死（不，是在最后一首舞曲中死去）。当我设身处地地想象妈妈的遭遇发生在我身上时，我难过得几乎喘不上气来，哭得泣不成声。

"妈妈的感受，我懂，如果可以，我愿意替你承受，哪怕一个月也好，只要能让你重返舞台。"我紧紧握住妈妈的手，发自肺腑地说。

妈妈听了，先是一脸疑惑，然后，马上生气地说道："不可以！如果让你遭这个罪的话，不如让我承受，不要瞎说这种晦气的话，让神灵听见可怎么好呢。"

从那以后，妈妈再也没有说过"活着没意思"这样的话，一直服用的睡眠导入剂也停了，妈妈又恢复了往日的祥和和愉快。

发自肺腑的共鸣改变了妈妈，我想这可能是拯救我们的唯一途径。

产后很长一段时间，母子一体，几乎一刻也不分离，母子才是"灵魂伴侣"，我想来自"灵魂伴侣"的深刻理解肯定能唤醒大脑深处的某个区域。

和你的妈妈一起大哭一场吧。

因担心而担心

前几天，儿子不小心食物中毒了，痛苦了 3 天。原因明确，症状也和食物中毒症状吻合，儿子自己判断没有什么生命危险，也不必怀疑是不是新冠惹的祸而去医院，便在家中休养。

家里有两个洗手间，所以可以做到和其他家人隔离。怀孕的儿媳住到我房间，我负责照顾儿子。

我一会儿问："怎么样了？""要不要换一下冰枕？"，一会儿问："喝白水？还是喝茶？还是运动饮料呢？"儿子十分痛苦地回答："现在，不要管我最好了。"弄得我一愣。

哎，后来我也发觉一遍一遍地问其实是为了让自己放心，冰枕之类，悄声换了就是，茶呀白水呀饮料呀，都放在冷藏包里递到枕边，如果哪样都没动，再问想喝什么也不迟。

这样做与其说是为儿子着想，不如说是为了安抚自己的不安，优先考虑的是自己的心情。

如果真的为病痛中的儿子着想，确实不应该打扰他。后来，儿子需要什么东西会用 LINE 告诉儿媳，儿媳直接拿给我或者交代我怎么弄，我只负责送达。如果直接告诉我，恐怕会勾起我的过度反应，"这样行吗？""那个如何？""还有没有其他想要的东西了？""现在感觉怎么样了？"恐怕会让儿子越发难受。儿媳恰恰是不会多想的人，吩咐给她可能会更轻松，再说，儿子处于隔离中，也想通过这种方式和爱人聊聊天吧。

明确说出"不要管我"

这里的关键点是儿子早早和我说:"不管我是最好。"

我算是比较宽容的母亲,但是,如果儿子一直忍耐我的各种询问,到最后忍无可忍,冲我吼:"真烦啊,能不能不管我!"我一定会很生气。人生着气是不会反省的,结果这种状态会反复出现。积累多了,妈妈会想"养孩子有什么用啊,一点也不懂得孝顺妈妈,我为了他操碎了心",孩子也一样,心里想着下次一定好好和妈妈说话,结果忍着忍着还是爆发了,受不了妈妈的"海啸母爱",如此,恶性循环难以终止。

所以，拿出勇气，尽早地清楚地告诉妈妈："我想集中精力学习、工作、想事情、睡觉，先不要打扰我，如果有需要，我会主动叫你的。"

万一你没有机会早早说出这句话，对妈妈吼："真烦啊!"也没关系，妈妈和恋人不同，一次两次顶撞不会让她真的生气。如果你觉得妈妈生气了，要诚挚地道歉，一句"对不起"足以挽回妈妈的心。

母子一体感造成的弊害

希望你能让妈妈尽早明白你需要自由自在不被约束的时间，即使住在一起，也不是一天24小时随时都方便被打扰。

我和弟弟18岁离开家独立生活，很遗憾，我们没有做好这件事。

弟弟50岁左右搬回了父母家，如今也快60岁了，和90岁高龄的母亲生活在一起。母亲腿不好，虽然能自己上厕所，但是也不愿意轻易挪动，所以，一有什么就喊弟弟。

妈妈有时候半夜会突然想起"锁门了吗""厨房燃气阀关了吗"，然后马上给二楼的弟弟打电话让他去确认。

我在厨房做饭，她也会事事过问，"开换气扇了吗？""换垃圾袋了吗？""做的什么菜呀？用不用帮忙啊？"肯定对弟弟也是这样的。

妈妈耳背，不走到近前和她说话都听不见。有一次，我正在厨房做菜，她问我"做什么菜呢？"，我跑过来："炸天妇罗呢"，她却说："哎呀，开着火怎么能离开灶台呢"，旁边坐着的弟弟有点生气地说："要不是你一遍遍地问，姐姐能跑过来吗？"

我每个月也只能回家一次两次，就算是当妈妈的眼睛做妈妈的腿也完全可以承受。不仅如此，我还很高兴妈妈能记得做菜的步骤，担心我能不能忙过来。因为不久以后妈妈肯定会对这些都失去兴趣，只剩下呆呆地等待踏上彼世的旅程了吧。

然而，对于每天一起生活的弟弟来说，肯定难以忍受。

后悔没有在人生更早的时候让妈妈明白：即使是母亲，也不能把孩子当成自己的四肢一样驱使，因为母与子不是同体。

弟弟如今在补做这件事，虽然有些迟。妈妈叫他，他也不去，妈妈的短时记忆已经相当短，所以，不一会儿也就忘了，沉沉睡去。

弟弟生气的是妈妈把他当成了遥控器一样的物件，"这么点小事也喊我，就是把我当成遥控器了吧"。其实，真的没有必要生气，因为妈妈把孩子当成自己的四肢一样驱使，是因为把孩子看成了身体的一部分，仅此而已，没有任何轻视的意思。

老公不够温柔也是源于一体感?

　　日本男人不太会夸奖妻子。吃着妻子亲手做的菜，却不说一句"真好吃"，妻子收拾干净的房间，进屋就躺下，不懂得说句"辛苦了"。妻子常常叹气"他当我是应该做这些的吗，把我当佣人了吗?"

　　男人的这些行为和妈妈的脑回路相似，他们认为妻子是自己的一部分，所以才不会事事道谢。就像你不会对自己的心脏说"谢谢你每天都在跳动"，也不会对自己的手说"谢谢你灵活运作，你真棒"。

　　因为一体感，丈夫从来想不起要对妻子说感谢，而妻子呢，也是因为一体感，才希望丈夫能对自己更温柔，日本人的家庭，这种矛盾图景比比皆是。

　　我在想，日本男人"因一体感将妻子视为身体一部分"的想法是不是缘于妈妈"因一体感将孩子视为身体一部分"呢？

　　日本妈妈们会对幼儿说："吃果冻吧""戴帽子吧"，此处暗含的主语是"我们"。

　　英语是必须明确主语的语言，因此，上面的话用英语表达："你要不要来个果冻？""我要给你戴帽子，可以吗？"像是和成年人说话一样，主语是"你"或是"我"是非常明确的。

　　"吃果冻吧"听起来仿佛妈妈和孩子是同体生物一样，妈妈的手是"同体生物"的手，幼儿的嘴是"同体生物"的嘴，妈妈与孩子此时此刻融为一体。

　　照顾高龄者的介护师常说"我们吃……吧"这样的话，暗含的意思是"我来当你的手"。我的父亲晚年曾被介护师的一句"我们吃晚饭吧"所伤，父亲悲伤的是自己明明可以独立吃饭，却被当成半个人对待。

　　一句话，既能让人愉悦，也能让人哀伤。

一体感导致的厌恶

没有主语也达意是日语的特点，这个特点有时候会过分地渲染出说话人的一体感。

前文讲过，当否定别人意见时，日语常说"那个提议呀，可行不通啊""那么做太冒险了"，这样的句子暗含的主语是"世人"，所以，否定的过于彻底。

这话对孩子来说，几乎没有挽回的余地。如果能像讲英语的妈妈那样说"妈妈认为这样行不通啊"，孩子会轻松许多，因为，对于这样的否定，孩子比较容易将反驳理由说出口。

话虽如此，讲英语的妈妈在相当长的人生历程中对孩子也是有绝对支配权的，因为孩子生命的与夺权在妈妈手里。但是，与日本人母子相比，孩子幼年期的母子一体感应该不会那么强烈。孩子们在主语明确的语言环境中长大，结婚生子，夫妇之间一定会尊重彼此不同的人格，事事都能平等商量吧。

日语省略主语的语言特点不利于母子独立人格的建构。或许正因为母子紧密相连，孩子就像"自我嫌恶"一样，在不断厌弃妈妈，彼此互相伤害的过程中长大。

日语的一体感不会让灵魂孤独

但是，我不讨厌日语的一体感特点。

在美国，日常接受心理治疗的人很多，心理咨询师的数量也远比日本多，还可以使用保险。或许是因为母与子、丈夫与妻子，没有那种亲密的一体感，每个人都拥有独立的人格，才造成了每个人都孤独吧。所以，如果不刻意表达爱和关心，亲密关系可能会很快变淡。

家人之间被一体感紧密联结是一件好事，不容易出现"家庭中的孤独"。

不过，孩子容易被妈妈的坏心情左右，不容易反驳妈妈，不容易自由地表达自我，这些是日语一体感带来的坏处，那么，改掉它如何？

也就是说，在日语语言习惯中加上一条：反对别人时，一定加上主语。至少，从你做起吧，因为这样可以帮你形成独立人格。

没必要抛弃带给我们一体感的语言，因为这种语言习惯编织了一条联结家人的纽带。

如果你想对年迈的妈妈温柔些，不妨试试跟她说："妈妈，吃果冻吧""妈妈，去散步吧"，这是妈妈常对幼年的你说的话，一体感十足。

虽然被介护师这么说会不高兴，可是听到子女这么说，妈妈一定高兴得不得了，因为，深埋心底的母子一体感被唤醒，对于暮年的老母亲来说，这是最好的礼物。

第四章
让妈妈高兴地放手

　　既能够推开妈妈，又尽可能小地伤
害妈妈，尽量抚慰妈妈的心情，让妈妈
感受到与子女沟通的满足感，到底怎么
做才好呢？

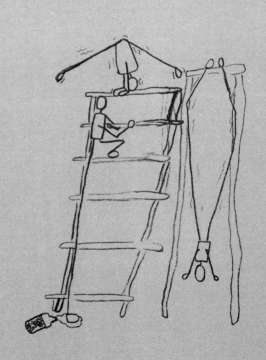

妈妈没有恶意，只是想关心你，可孩子却从心底感到厌烦，饱受母爱"折磨"。这是孩子长大以后母子极易陷入的"泥沼"。

拒绝妈妈的关怀是唯一的办法，可是拒绝之后又十分后悔，因为孩子明白妈妈是因为爱孩子才如此的，所以，孩子又陷入自我折磨之中。

似乎没有什么办法能令母子逃离"泥沼"，不过，本章还是想尽力一试。

既能够推开妈妈，又尽可能小地伤害妈妈，尽量抚慰妈妈的心情，让妈妈感受到与子女沟通的满足感，到底怎么做才好呢？

妈妈的"为你好"令人郁闷

因为担心，所以才过问，因为担心，所以才插手。

心里明白要感谢妈妈的一番好意，可是，总是觉得不开心。

对自己的妈妈是如此，对婆婆更是这样的感觉，我想很多女生都有同感吧。如果对方有恶意，那其实更好办，提高警惕，扎实防范，或者主动出击打退敌人就好了，而令人郁闷的"为你好"，既难以拒绝，又有一种自己是个过分儿媳的负罪感，极难应对。

不记得什么时候曾看过一幅漫画，内容是关于婆媳的。儿媳因为孕吐严重不怎么能做家务，家里凌乱不堪，这时候，婆婆来了。婆婆又洗又刷，帮助儿媳收拾房间，儿媳虽然十分不悦，可是一直忍耐，直到婆婆说："床单也帮你换了吧，换洗床单在哪？"儿媳终于爆发。这一幕印象极为深刻，我当时差点喊出声：太理解了！我的婆婆并没有过类似的行为，不过如果婆婆在我家这样做，我肯定也受不了。同为儿媳，理解理解！

不愿将弱点示人是动物的本能。当然，生命垂危的状况另当别论。谁也不愿意让别人在自己的"破窝"里肆意闲逛，即便是亲妈也不行。

无论是妈妈还是婆婆，虽然说都没有恶意，可事后或许会再翻出来谈论一番，"你是多么爱干净的人啊，可怀孕那会儿也是极其邋遢呀"。如果要冒着被她们嘲讽的风险的话，倒不如压根儿不让她们发现自己的弱点，这也是人之常情吧。

长寿女人爱旧事重提

大多数长寿的女人都喜欢旧事重提。

这个习惯十分令人恼火。

亲戚朋友当中一定会有这样的婶婶。过年聚餐，每次妈妈一端上炖鸡肉这道菜，我的一位婶婶都会说："当年你刚嫁过来的时候，有一次急匆匆跑来问我，怎么才能让魔芋入味，农村长大的你当时真是清纯啊。"这位婶婶是城里人，又十分自信，她内心可能是没有恶意，但是说出来的话却有毒。妈妈每次听到她说这话，肯定是又难过又后悔，不向她请教就好了。我也有这样的经历，特别讨厌妈妈的一位朋友，即便是过了几十年，她还是会提我小时候的糗事。

大多数人都有过被那些长寿的女人"揭丑"的经历，所以，长大以后会特别注意不让妈妈或是婶婶或是婆婆看到自己的窘态，不给她们"揭丑"的素材。

说实话，这样的人不值得信赖，原因是她们喜欢旧事重提。

旧事重提其实是女性大脑的重要机能之一，缘于"快速想起过去的经验，好好保护孩子"的母性本能。换句话说，越是母性十足的女性，越是爱翻旧事。也可以说"没有恶意，多管闲事，爱翻旧事"是女性大脑的本质，多亏了这个"本事"，孩子才能健康长大。

只要人类存续，长寿女人爱多管闲事，爱翻旧事的"毛病"便不会消失。所以，妈妈、婆婆普遍令人厌烦也是无法改变的事实。那么，如何对付"一番好意，却令人头疼"的妈妈和婆婆呢？

只有一个办法，那就是对她们说：NO！

如上文儿子对我说的那句话：现在不要管我是最好的。

拜托妈妈一件事

如果你不需要妈妈的关心，最好尽早告诉她（越早伤害越小），明确地和妈妈说："妈妈，拜托了，现在请不要管我。"至于理由，可以说："我想一个人静静""我想专心工作/学习。""我想思考点事情"。

当然，真正的原因是"没空儿理会妈妈""看见妈妈就郁闷"，可是没必要说破。只说明当时的心情即可，就装作是想专心做事的样子。

而且，最好求她一件事。"明早可以打电话叫我起床吗？""想喝妈妈做的酱汤了，做一次吧""妈妈，帮我去买运动饮料好吗，我真的很想喝。"

我要照顾你！这是长寿女人的本能，也是她们无论如何都要实现的"悲壮愿望"。仿佛饥饿的孩子发自内心地呐喊"我要吃饭!",仿佛田径运动员发自内心地呐喊"我要赢!"妈妈们也是发自内心地呐喊"我要照顾你!"

我理解你厌烦妈妈的心情,但还是希望你能投给妈妈一个诱饵,拜托她一件事,如果是妈妈擅长的事(妈妈的酱汤、妈妈煮的粥、妈妈熨的衣服)就更妙了,妈妈会十分开心。

如果你正当孕吐严重或者大病初愈,妈妈或者婆婆非要来,与其拒之门外,不如拜托她们一件事,这样更容易推掉她们的盛情。如果直接说"不要来",她们还会打电话或者发邮件来询问,也是麻烦。

婆媳关系的关键在丈夫（儿子）

和婆婆有矛盾的时候，让丈夫出面解决比较合适。

我没有女儿，把儿媳当作女儿来疼爱，可后来我才知道，我的过度疼爱让儿媳很为难（我自己没有察觉）。儿媳喜欢上我最爱的交际舞也是一个原因，我给她买礼服，买鞋子，带她到处参加晚会，一度玩得非常合拍。

我们一起去选礼服，一起挑选化妆品，我会问她："爱子，这套礼服配这款眼影如何呀？"她也会给我建议："妈妈，眼线笔选稍微黑一点的比较好吧。"我俩每次去参加舞会，年轻貌美的爱子都会惊艳全场。有时候我俩会穿同款礼服到场，惹得大家羡慕不已。

爱子的舞蹈天赋超群，这才是关键。而且，她的高中同学（同样有舞蹈天赋）也加入了我们，那段日子我家总是充满年轻女孩的欢声笑语，这两个女孩让我喜欢得不得了。虽然男孩也很可爱，不过，女孩子的可爱更讨人喜欢。

一位有女儿的朋友曾对我说过这样的话："女儿当然可爱，儿媳也很可爱，二者有区别。儿媳是爱上我最爱的儿子的女孩，所以，和儿媳似乎有一种志同道合的感觉。"我对爱子也有这样的感觉。

在我心里，儿子是世界第一棒！我当然知道别人不会这么认为。因此，儿媳是和我有同样看法的唯一的"同志"。儿媳眼里的儿子总是帅帅的："妈妈快看，阿雄穿高领毛衣的样子多帅！"我赶紧过来看："哇塞，果然帅气！"我们俩迷妹一样地看着阿雄。

儿子不觉得我和爱子的"好帅""好可爱"之类的迷妹崇拜是什么困扰，因为他从小就适应了。爷爷奶奶加上外公外婆就他一个孙子，所以从小听惯了

"可爱呀""帅气呀"这样的溺爱夸奖。

所以，对于爱子，既有女儿般的疼爱，又有志同道合之感，我简直不知该如何喜欢她好了。

就在这时，儿子的话让我恢复了理智。

"妈妈，爱子有时候不想去舞会，可是又无法拒绝你的邀请，勉为其难去了，可是搞得自己很累。跳舞是件开心的事，不过还是不要每次都拉着她，她自己主动说想去的时候再带她去，好不好？"

"爱子喜欢按自己的节奏做事，就算是失败，她也乐在其中。妈妈有时候可能想给她意见，不过我觉得还是不要管她，让她慢慢琢磨着干吧。"

我很感谢儿子能坦白地和我说这些话。

如果儿子没有告诉我爱子的感受，我肯定还是无法把握"合适的距离感"。

工作上，爱子担任我的秘书，所以我们对彼此的日程安排都非常清楚，她既没有办法借口工作忙来拒绝我，没有心情陪我的时候又没有地方躲。是我把她逼得没有了个人空间。

我俩对于交际舞的态度也有所不同。爱子喜欢舞会的欢乐氛围，而我则是沉迷于跳舞本身。现在我和爱子参加舞会的次数和机会大都不会重叠，反倒是我和她的高中同学同去的机会更多一些。会有朋友问："这女孩是你女儿、你儿媳？"我说："不是的，是我儿媳的高中同学。"谁听了都觉得不可思议。

划分隐私空间

生活中的隐私也是一件大事。

对于已成年的孩子，父母一定要确保他们能拥有隐私空间和时间，如果和年轻夫妇共同居住，更要注意这一点。

对于隐私空间，我很清楚该怎么做。

如果是分开居住，不要突然到访他们的住所。去做客时，不要像在自己家一样开冰箱、进厨房，甚至打扫卫生或是洗衣服等。如果一起居住的话，不要随意进入他们的房间，不要碰触他们的个人物品。

儿子儿媳在和我们共同居住之前住在外面的公寓，两年时间里我只去过一次。夫妇俩几乎每个周末都回家，说是比起他们的乡下公寓，妈妈家附近可娱乐之处更多，还省了伙食费。

　　不久，我们开始商量儿子夫妇到底在哪里安家的问题。我始终反对新建一套能住得下两代人的房子，因为公公婆婆留给我们一套带院子的房产，我们自己有一套房子，两处之间步行1分钟而已。把公公婆婆的旧房重新装修一下给儿子夫妇居住，这样我们两家之间相隔"一碗热汤"的距离，也确保了二人的隐私空间。

　　但是，儿子认为如果将来留给他的是一套老旧公寓和一栋半旧不新的房子，还不如趁着房价高的时候卖掉公寓，在爷爷奶奶家旧址重新盖一座大房子，儿媳表示"想每天都吃到妈妈做的菜"。丈夫也说想住新房子。所以，在我们民主的黑川家，最后三票赞成一票反对，通过了盖一座三层新房的提案。

　　我接受这个方案时，对他们说："三楼就是你们的小家，我尽量不去打扰。"儿媳趁机赶紧说："好啊妈妈，您就当没有三楼哈。"不得不说儿媳真是高情商啊！

搬到新家已经一年半，我进他们房间的次数屈指可数，而且每次都是先在楼下打好招呼，进门之前再打招呼才进去。

婆婆突然来访，招呼也不打就进厨房，拿起脏碗就洗，这样的行为已经越界，这样的婆婆如同"僵尸"一样令人生厌。

但是，你的婆婆可能住在距你很远的风俗不同的地方，她不懂自己的行为会让你难受。她以为还像给单身的儿子收拾房间一样，你也不会介意。所以，作为儿媳的你需要明确告知婆婆哪些行为是越界。

"妈妈，您帮我洗脏衣服脏碗让我很难堪，装作看不见好不好？不要进厨房，好好休息吧。"

如果儿媳觉得为难，那就委托丈夫来说。"妈妈，来我家的时候，提前打招呼哈，不要进厨房洗碗什么的，女朋友觉得这让她很难堪，心里过意不去。"

只要明确告知，妈妈一定会明白的。她想象一下就可以理解，因为自己也是别人家的儿媳。如果妈妈说这是跟她见外，你可以这样回答："我们这是重视您啊，并不是和您客套，如果真的有需要，肯定第一个给妈妈打电话求助。"

如果不清楚地画清界线，"敌人"会大大咧咧地随便进出，无法保证隐私空间。所以，第一次让你恼火的时候很重要，要当机立断地明确告知对方：NO！

抹掉"妈妈痕迹"

我们家全员每人拥有一个步入式衣橱，大小相当于以前人们常说的贮藏室，个人物品全部收纳在自己的衣橱里。

如果夫妇共用一个衣橱的话，总会有小矛盾，"你的东西没收拾""你的东西太多啦""你打算把这些不穿的衣服放到什么时候收拾？"等等。我和丈夫没少因为个人物品收纳问题吵架，儿子夫妇俩也是，每人一个步入式衣橱解决了这个问题。

这么做还有一个原因，未来我和老公去世的时候，儿子儿媳一口气将我们衣橱里的物品处理完就可以了。

我的婆婆去世的很突然，她去世那天挂在厨房椅子上的毛衣和围裙就那样放了两年，我一直没有勇气收拾。有时候我会去婆婆家里看看，抚摸着她的围裙，思念她陪伴我们的日子。

婆婆家里总是干净整洁，总是备着好吃的康腌咸菜。每个星期都会为忙碌的我和喜爱和食的孙子送一次炖菜。购物回来，我会顺便去一下婆婆家，和婆婆一起品尝美味的冰淇淋。有时候突然想吃康腌咸菜了，就跑去婆婆家："妈妈，有没有康腌咸菜呀？"婆婆总是能满足我的味蕾。我们已经习惯婆婆的陪伴，总觉得婆婆会永远在我们身边，可是……

终于到了要拆掉老房子的时刻，儿子儿媳和我一起收拾婆婆的遗物，我忍不住号啕大哭起来，儿媳紧紧地抱着我，轻轻抚摸我的后背，安慰我。

岁月如梭，如今我也成了婆婆，坐在了婆婆坐过的位置。我也再一次以婆婆的视角体会到了当年公公婆婆对我这个 25 岁的儿媳是多么的疼爱，巧的是爱子嫁到我家也是 25 岁，我的孙子即将降生，婆婆倾注到孙子身上的爱，往后我也会同样经历吧。

　　我不希望有一天儿媳因"妈妈痕迹"而伤心流泪，所以，所有物品都放进衣橱，即便是暂时脱下的毛衣也放进衣橱，衣橱放不下的东西便不买。当那一天来临，不必分拣收拾，将衣橱里的物品全部扔掉就好，有必要的话可以雇人。

　　我如此用心地确保他们的隐私，却还是留下了死角，忽视了时间隐私问题。

划分隐私时间

公公家是手艺人，公公又是家中长男，婆婆嫁过来后和长辈一起居住，婆婆深切地感受到"儿媳的隐私"没有受到重视，因此，婆婆特别注意保护我的隐私。婆婆的用心之深，以至于我都没有察觉到隐私时间问题。

和公婆一起居住时，我们住在二楼，婆婆从来不随意打扰我们。休息日，我们吃过早饭上楼时，从不问午饭想吃什么之类的话。

我也应该这样对待爱子的，可是不知不觉养成了"想起什么马上搭话"的毛病，最终把儿媳逼得"离家出走"。

比如，我在泡咖啡，会问儿子夫妇："你们来一杯吗？"吃冰淇淋时，吃夜宵时，都忍不住会问他们一句。

我的想法是如果他们在做什么好吃的不叫我，我会感到不舒服。他俩泡美味的咖啡，如果不问一句"妈妈来一杯吗？"我会很失落。

正是我的一厢情愿让儿子夫妇烦恼不已。其实不难理解，小两口儿正开心地听着音乐，妈妈突然喊："你们来一杯咖啡吗？"谁能高兴呢？这么简单的事，我却忽略了。

还有，"你什么时候洗澡呀？""快递到了""有没有要洗的衣服？""这边顺带吸一下哈"等等，想到什么马上和他们说。

而且，因为爱子是我的秘书，下班后想到什么工作上的事，我也是马上吩咐她。

终于，爱子受不了了，一天晚上，"离家出走"了。说起来，爱子"离家出走"的很可爱。那晚爱子来找我："妈妈，还没睡吧。我现在心里很乱很烦，想离开家几天可以吗？"然后就要把我给她的副卡还给我。

我说："当然可以。什么时候心情舒畅了再回来，订宾馆了吗？"

"订了"

"那就好，副卡你还是带着，以防有什么急用。"

就这样，我"送走"了爱子。

后来，通过邮件和爱子沟通了几次，也和儿子谈了，终于了解了爱子被逼出走的原因。是我把她逼得几乎神经质了，也是这一次，我终于意识到爱子的隐私时间被忽视了。

我听了儿子的建议，在家不谈工作。如果想到工作的事情，以邮件形式发送到爱子的秘书专用地址。只有在连续出差不能去公司的时候，才会交代爱子："把这个带到公司处理一下好吗？"需要交代的事情一次说完，绝不拖拖拉拉。

生活上，除了"开饭啦"之外，什么"喝咖啡不？""我买了布丁，要不要尝尝？"之类全部删除。只有迎接他们回来时，一定会大声喊"回来啦！"吃刨冰的时候也还是会叫他们一起，这两件算作例外吧。

浴室空着就用，不再考虑他们的洗澡时间，洗衣服也是只洗放到洗衣筐里的衣服。有时候刚刚洗完又拿来了脏衣服，虽然有点无奈，不过都是小事儿，第二天再洗也无妨。

建立家人联络网

那么，总结一下。

不仅是和公公婆婆一起居住，亲子一起居住的时候也要彼此达成共识：在个人空间独处时，非必要不要互相打扰。

为了方便沟通，可以建家人 LINE 群，还可以用白板和冰箱便签，这样起居有时间差的家人之间更方便沟通。

新冠疫情期间，家人在一起的时间更长了，不仅是孩子，连妈妈都连连叫苦："实在受不了。"

以前，妈妈可以独享白天，以自己的节奏做家务，不仅做的又快又好，还能有空歇一歇。现在，一会儿丈夫来客厅问一句："这个大麦茶可以喝吗?"一会儿孩子又来问："妈妈,我的那个在哪里?""这个帮我洗一下""午饭吃什么呀?"家务不断被打断,时间也被打扰得零零碎碎,效率变低,连休息的时间都没有了,心情极度郁闷。想去卧室躲一躲,可是那里早成了丈夫的远程工作室,家庭主妇的私人空间和时间被极度挤压。

不仅孩子需要保护,妈妈也一样需要保护。

以"保护妈妈"为理由,提什么要求都比较容易被接受。

如果从"能不能不要和我说话"开始,那肯定要吵一架了。所以,建立家人联络网是个好办法。

建好家人 LINE 群,告诉丈夫和孩子们"需要买的东西""希望妈妈做的事"等等都发到群里。这样一来,既不会忘记,又不耽误妈妈做家务,一举两得。

也可以用手动方式,比如往冰箱上贴便签,写在白板上,等等。

我家就是这样,如果做饭的人发现什么调料要用完了，顺手往冰箱上贴一个便签，有人去购物时拿着便签去就好了，下班回来路上如果想起便签内容，也会顺便买回来。

现在可能有很多人使用 APP 来管理购物单。

如果对着冰箱说一句："某某要用完了""没有某某了"，冰箱门上马上列出单子，同时，APP 也同步更新登记上所缺物品，那该多好！如果更进一步，冰箱自己会察觉即将用完的食材，然后自主补充，那才是完美呢！这样的智能冰箱赶紧上市吧。

家人联络网还能让主妇不孤单。

我家使用冰箱便签以前，所有人都向我报备需要补充的物资，"妈妈，番茄酱没有了""妈妈，蛋黄酱要用完了"。可是，我也很忙，有时候几乎每天都在赶新干线或飞机，我哪有时间去买呀！

他们也不是让我去买，只是觉得我是家政指挥官，需要向我讲一下，其实，我只要说一句："那你明天顺便买回来吧"谁都能听我的话，可是，我不好意思差遣他们。

自从用了冰箱便签，发现食材或者调料要用完了的人，写一个便签贴冰箱上，比如"番茄酱"，这样不必来向我一一汇报。一般是退休的丈夫隔一段时间会去补充一下物资，这时候，揭下冰箱上的便签即可。我如果感觉今天下班可能会有时间购物，也揭下便签带走。手动便签的好处是不会买重物品，因为便签不在了意味着有人去买了。

让"非必要不打扰"成为家人共同遵守的规则

家人联络网运转起来以后，主妇的孤独感得到缓解，不满减少了，唠叨声也随之锐减。

但是，仍然有必要让所有家人都接受互相之间"非必要不打扰"这条规则。当然，定规则时首先要考虑妈妈的感受，耐心地和妈妈解释："妈妈，咱们约定各自忙自己的事情时，非必要不要打扰，好吗？妈妈看韩剧的时候，我不想打断你，我们也一样，正忙着的时候，您过来说'喝咖啡吗？'我们不得不停下手里的事儿回应您。"

不在一起居住的亲子之间也需要这条规则。

不少妻子都觉得盂兰盆节或者新年回丈夫家是一件心情沉重的事，因为"毫无隐私"。终于可以回到房间歇歇了，这时候婆婆又来问："我要切西瓜，你们也一起来吃吧。"儿媳赶紧起身去厨房。

婆婆觉得平时不在一起生活，儿子儿媳难得回来相聚，一定要好好犒劳他们，儿媳也觉得平时不能在家照顾公婆，节假日要好好表现，每次有叫必应。

即便婆婆说不必拘谨，可也不能真的不拘谨，碰到爱挑刺的婆婆，嘴上说着不必拘礼，心里却想着看看儿媳如何表现。所以，节假日短暂的探亲会让妻子们身心俱疲。

丈夫带妻子第一次回老家探亲时，应该和父母表明态度："妈妈，她回到房间后就不要打扰了，平时工作很忙，探亲这几天让她好好休息一下吧。"

我丈夫就是这样做的。他第一次带我回家看望父母时对婆婆说："希望妈妈能像疼女儿一样疼她，她娘家远，平时又很忙，回家这几天让她好好休息吧。"婆婆说："当然了，放心吧。"婆婆确实十分疼爱我，从来没有把我当作"昭和时代的儿媳"来使唤，而是把我当成读小学的女儿来宠，做好吃的饭菜，还帮我洗衣服。

我们一起居住时，有件事让我印象深刻。平时都是婆婆帮忙照顾儿子，连家务也做了，我想周末一定要让婆婆歇歇，便把儿子交给丈夫照看，我打扫洗手间。可转头一看，儿子还是在婆婆背上呢！我对丈夫说："你怎么不看孩子呢？"丈夫心安理得地说："是妈妈说她也没法儿安心看电视，就把阿雄抱走了。"

我生气了，冲他喊："家务事你也应该承担一半的，什么也不干是什么道理！"这时候，婆婆来劝架："嗯，那个，能不能把我干的那份儿算在明男身上呢？"

我被气笑了："妈妈，那么算的话不是我完败吗？"因为大部分家务都是婆婆在帮我们做。即便丈夫什么也不干，我也赢不过他们母子呀。

丈夫退休之前从不做家务，不过，把婆婆做的算在他身上的话，真是相当称职的老公呢！不管怎么说，第一次回婆婆家时丈夫的态度让我终生铭记："像疼女儿一样疼她，让她好好休息。"这句宣言仿佛一个完美的本垒打，功绩卓著！

妨碍隐私有时也是礼物

亲子之间要清楚地划分出各自的隐私空间和隐私时间。

彼此在自己的私人空间里时，保证互不打扰。

不过，孩子偶尔踏访一下妈妈的隐私空间，也是一件美丽的礼物。

儿子夫妇在他们房间里时，我尽量不打扰，不过，她们偶尔来打扰我一下，我很高兴。

儿子儿媳有时来了兴致会一起在厨房做点什么，有时候是儿媳端到我的书房："妈妈，可好吃了，尝尝吧。"有时候是儿子来叫我："妈妈，赶紧来尝尝吧。"

每次被他俩"妨碍隐私"，我都十分高兴。

还有，儿媳有什么烦心事想和我聊聊时，会来我房间，躺在床上，一边抚摸猫咪一边聊。我很喜欢儿媳毫不拘谨的样子。

说到底，做母亲的，还是希望偶尔被孩子打扰。正因为如此，母亲也理所当然地认为孩子和自己一样，希望偶尔被妈妈打扰，所以才会频频闯入孩子的隐私空间。孩子要和妈妈定好规则，不让妈妈随便闯入，可是对于妈妈的小心愿，希望孩子能理解，偶尔满足妈妈一下。

从另一个角度来说，如果孩子时常送给妈妈"妨碍隐私"这个"礼物"，那么，妈妈打扰孩子隐私的次数会大大下降。

无能儿媳更能博得怜爱

上文谈了很多阻止父母大摇大摆闯入孩子私人空间的办法，那么，儿媳不想让婆婆看到自己的弱点到底是因为什么呢？

不想被婆婆看成是无能儿媳？想让婆婆接纳自己？

如果儿媳这么想，其实是误解了婆婆。

现在的婆婆根本没有"不是优秀的儿媳便不接纳"的想法，从根本上讲，婆婆不认为自己对于儿媳的价值有什么发言权。

与什么都会的完美儿媳相比，有点儿笨、总是依赖婆婆的儿媳反倒更惹人爱。因为，孕育了母性的脑神经回路认为"不一样的个体更惹人爱"，有句老话儿：笨小孩更可爱，从脑科学的角度来看也是有道理的。

优秀的孩子值得骄傲，笨拙的孩子值得同情。妈妈的大脑就是这样感知的，所以，妈妈才能抚育任何资质的孩子。只要不是特别另类的脑回路，当了妈妈以后，每个女人都充满母性。

试想一下，儿子步入婚姻殿堂之日就是妈妈育儿的终止啊！妈妈们的母性没有了用武之地，这也是儿媳到来时婆婆大脑的状态，所以，婆婆把母性全部倾注在孙子身上。

那么，儿媳能不能厚着脸皮分一点婆婆的母爱呢？

或者应该这样说，能不能给婆婆一个挥洒母性的机会呢？

还是那句话，优秀的儿媳值得骄傲，笨拙的儿媳值得同情。记住，这就是妈妈的脑回路。

所以，当你的家凌乱不堪时，婆婆突然来了，还说："我帮你收拾一下吧。"你只管湿润了眼眶，感动地说："妈妈，拜托你了！"权当是"免费家政服务"，把一切都交给她吧。不知该将母爱倾注何处的婆婆只会越来越宠爱"无能儿媳"，此时的你最好沉浸在母爱中，尽情享受吧！

"厚脸皮"让女人的人生更轻松

我们婚后和公公婆婆一起居住,儿子出生后 3 个月,我回归职场,所以,照顾儿子和家务事都是婆婆帮忙料理。每天下班回家都会看到婆婆背着儿子在厨房准备晚餐,我摸着饿得瘪瘪的肚子跑过去问:"妈妈,饿了,今天吃什么呀",日子安稳而幸福。衣服也是婆婆帮忙洗,除了要照顾儿子外,我真的感觉自己过得像个小学生一般无忧无虑,婆婆也没有说过一句要我感恩戴德的话。

当我产后想回归职场,请求婆婆帮忙带儿子时,婆婆满眼爱意地看着襁褓里的孙子说:"我终于又能照顾孩子了。"

黑川家是传统的手艺人，和昭和时代的大部分手艺人一样，黑川家也是家族式，婆婆一般负责带孩子。眼神好，有体力的女人是重要的劳动力，当年我婆婆也把自己的儿子交给她的婆婆照顾。

后来，婆婆曾对我说过和孙子在一起的时间是她一生宝贵的回忆。当时，休息日我会全权照顾儿子，婆婆临终前说："那会儿，我也想和孙儿好好过休息日啊。"

是啊，是我忽略了。婆婆每天要做手艺活，做家务，还要照顾孙儿，哪有时间放松地和孙儿玩耍呀。我应该想到的，应该为她们创造在一起玩耍的时间啊。我抚摸着婆婆的手，任由眼泪流淌："妈妈，你应该和我说的嘛。"婆婆温柔地笑了。

婆婆就是这样一位任劳任怨、默默地为儿女奉献着一切的妈妈，让我能够毫无顾虑地投入她的怀抱，享受暖暖的母爱。

我发自内心地感恩遇到这样一位好婆婆。

不过，或许我的"厚脸皮"在我俩之间也起到了重要作用。

当我和朋友们说我要嫁给一个家住东京的独生子，并且婚后和他的父母住在一起时，朋友们表示难以置信。不是出身都外的长子，这一点很好，不过和公婆一起居住真是难以接受，她们觉得公婆的家一年去住几天足矣。

孩子出生后我还想继续工作，公公婆婆愿意帮我带孩子，我觉得自己十分幸运，所以，我对朋友们的上述反应很吃惊。

至今还记得当时我对她们说的话："不必和婆婆客气吧，不是有句话叫作'物尽其用'嘛。""有婆婆帮忙照顾孩子，自己才能腾出手做别的事，只要对婆婆好些就是了。"

这些话我至今都印象深刻。

当时，日本正值泡沫经济时期（20 世纪 80 年代后期至 90 年代初），我的工作是 IT 工程师，真是忙到几乎过劳死（确实有过快累死的感受）。怀孕反应最重的那段时间，每个月加班也超过 100 小时，临产月也经常加班到深夜。我计划产后三个月回归这个繁忙的"战场"，把儿子交给婆婆也是不得已而为之，当婆婆表示愿意帮忙时，我仿佛抓到救命稻草一般，一头扎进了婆婆的怀抱。

我时常觉得自己很幸运，遇到一位菩萨心肠的婆婆，不过，当初如果不是我"厚脸皮"地扎进婆婆的怀抱，也享受不到这份幸运，婆婆和孙儿也不会有那么多其乐融融的快乐时光，当然，我们婆媳关系也不会如此亲密。

如今想来，我的娘家不在东京，指望不上她们，工作又是一个瞬息万变的"战场"，逼得我走投无路，种种这些反倒促使我和婆婆成为了亲密无间的母女。

不会处理婆媳关系的儿媳，有没有想过是"厚脸皮"做得不到位的缘故呢？

灰姑娘的过人之处

"厚脸皮"是女人开启崭新人生的重要能力。

灰姑娘是因为貌美心善而俘获王子芳心的吗？我认为不是，是她的"厚脸皮"。

灰姑娘每天干着扫除打杂的粗活，一身脏兮兮，还总是受到言语侮辱，虽然会魔法的老婆婆让她穿上了漂亮的礼服，可是换作一般人的话，会想到大摇大摆地去城堡参加舞会吗？会想到自己会被王子邀请，然后带着高贵的微笑和王子翩翩起舞吗？

灰姑娘的过人之处其实是"厚脸皮"。

能够做到"厚脸皮"，其实等同于没有随意揣测对方的心意，反过来说，很多时候是因为随意揣测对方的心意才不能舒畅地活着。

举个例子，丈夫注意到妻子新买的裙子，问道："呀，什么时候买的裙子？"你会不会愣一下，回答："打折买的，很便宜。"你的不高兴是因为丈夫的话在你听来是嫌弃你背着他乱花钱了。

问："这个东西，怎么放在这里呢？"答："有意见吗？"

一般这样的对话无法继续，原因是听者觉得问话人在质问这个碍事的东西为什么放在这里。

总觉得对方的话在找茬的人做不到"厚脸皮"。

而现实生活中"厚脸皮"的人更幸运。

面对丈夫的话，你面带微笑地说"不错吧，打折买的，很便宜，是不是很衬我呀？"丈夫听了也只能夸赞了吧。

"厚脸皮"等于不随意揣测对方的心意，是一种可贵的品德。

因为揣测婆婆的心意，所以总是很紧张，如果让婆婆看到我的弱点，指不定什么时候便会讥讽我一下，这可能是很多儿媳的心态吧。

请你试一试，不要揣测婆婆的心意，暴露你的弱点，全心全意地信任婆婆一次。

万一失败了，你会知道她是一位"恶婆婆"，是极少数的精神分裂症患者，以后要躲得远远的。尽量少见面，不让她看到你的弱点。反过来说，通过这样的尝试，会让婆婆大脑中潜藏的恶意全部暴露，对你也是一件好事，所以请一定尝试一次。

毕竟这样的"恶婆婆"还是少数吧。大部分婆婆看到你的弱点，反而会更加关照你，关系会更加融洽，这样的尝试，错过了很可惜喔。

袒露弱点的勇气

适当袒露弱点这个人生道理对男士也适用。

提起这个，希望男士能想象一下奥特曼的妻子。

没错，是奥特曼。他冒死赶往距离自己家园几万光年的陌生星球，去拯救那里的孩子们。他的妻子虽然不懂他为什么这么做，可是既然是男人的使命，她选择支持他。奥特曼只身前往地球 3 个月，妻子默默支持没有过任何绝望。

妻子的绝望源于奥特曼不肯在她面前袒露弱点。奥特曼偶尔回家，只是默默吃饭，然后离开。妻子觉得自己没有留在这里的必要了，因为奥特曼的人生将她排斥在外了。

就算是英勇无比的奥特曼，也要在爱人面前袒露弱点，"今天被杰顿狠狠踢了一脚，好疼啊"。偶尔这样撒娇一下，妻子会很高兴："哎呀，亲爱的，没事吧，我来给你吹吹吧。""谢谢亲爱的，多亏你的照顾，我又能战斗了！"

如果能如此心心相印的话，丈夫对妻子而言会变得越发不可替代。

人类大脑是交互式的，当外界对自己所做的事情有回应或因此而发生变化时，大脑会感觉到快乐。换句话说，人会对"回应自己行为的人"产生兴趣和感情。我想人的大脑之所以具备这样的功能，是因为幼儿期较长，又喜群居吧。

即使迷上了完美无缺的超人，如果他不需要任何帮助，而且还特别高冷，我想无论是谁都很难对他萌生真正的爱意。完美的超人才更要懂得在关心自己的人面前袒露弱点，为了他（她），超人们要么真诚地袒露弱点，要么在对方袒露弱点时报以真挚的喜悦。

孩子长大，母亲失去了什么？

对于妈妈而言，孩子是让妈妈充分释放大脑交互性的最重要的对象。

没有妈妈，孩子活不成，妈妈每天尽心尽力地守护孩子的成长，这个过程赋予妈妈大脑的快感无法估量。就算拿诺贝尔奖、金牌、世界首富和我交换育儿经历，我也不换；就算神灵赠我一个功成名就的人生，代价是没有生过儿子，我也不会同意。

正如本书开篇写到的那样：孩子降生，给了你做母亲的机会，便是尽了孝道。

孩子长大离开父母，意味着妈妈失去了释放大脑交互性的不可替代的对象。所以，妈妈很寂寞，很难过，很痛苦。

如果你成为了一个能够独当一面，无需家人操心，自主自立的社会人，这并不是对父母的孝顺。

能够独当一面，自主自立，又偶尔和父母撒个娇，才是对父母的孝顺。

不必和父母具体说你的弱点，可以和妈妈提个小要求"妈妈，我想吃你做的……"

长大了，也时不时依靠一下妈妈，这是送给妈妈的礼物。

我儿子非常爱吃奶奶做的炖菜（萝卜干、豆腐丸子炖高野豆腐、竹笋等等），其他人做的都不爱吃，为此，婆婆经常给我们送炖菜，一直到去世的前一天。

婆婆做的蒸鸡蛋羹和油炸豆腐寿司堪称一绝，我怎么也做不出那样的味道。油炸豆腐寿司更是比专业寿司店还要美味。我常常去央求婆婆"妈妈，做一顿油炸豆腐寿司吧"。每逢新年，婆婆都会奉上拿手的蒸鸡蛋羹，儿子总是迫不及待地追着问："蒸鸡蛋羹，还没好吗？"

我有时候因为自己做菜手艺不如婆婆很惭愧，但是，当我到了婆婆的年龄后慢慢明白，为儿女做喜欢的菜是妈妈的价值。我不是一个完美的主妇反倒成了一件好事，恰好给了婆婆继续照顾儿女的机会。

"还是妈妈做的……好吃啊""奶奶做的……最棒了"婆婆为了满足一家人的味蕾，直到去世那天都还在厨房忙碌着，还有什么比这更能让一位妈妈满足的呢？

婆婆晕车厉害，胃也不好，对旅游没有什么兴致，不喜欢外出聚餐，对衣服和包之类的也没什么兴趣，以至于我们几乎无法为婆婆做点什么。唯一一件让婆婆感到满足的事恐怕就是我是一个不太能干的儿媳吧，虽然这话说出来很难为情，可是确实如此，或许有缺点的劣等生更有机会感悟人生的深意吧。

笑容是终极武器

如果妈妈已经步入高龄，无法为儿女做什么了，该怎么办呢？

那只有靠笑容了。

孩子的笑容能融化妈妈的心，是治愈妈妈的终极"武器"。希望你尽可能早地使用这个"武器"。即使是年轻妈妈，也无法抗拒孩子的笑容。

今早在电视上看到了大谷翔平选手的灿烂笑容。

我很早以前就开始崇拜大谷选手，佩服他的坚韧意志（我不太懂棒球），今天我再一次被他的笑容感染，内心充满感动。

大谷选手开心的样子，如同幼儿一般纯真无邪，让我想起了儿子上幼儿园时我去接他的场景，儿子看见我的瞬间脸上乐开了花，大谷选手的笑容也是这般纯真。

大谷选手被称为史上最强田径运动员，我说他的笑容和幼儿园小朋友放学时的笑脸一般，似乎有点不恰当。不过，大谷选手的笑容是内心喜悦的表达，正是因为"真心笑容"才俘获了众多粉丝的心。大比分获胜！简直不要太完美！我看到大谷选手笑容的瞬间，几乎愣住，那种要被融化的感觉太妙了，甚至连家人正在聊天都感觉不到了。

美国球迷接受采访时说："大谷拯救了棒球。之前美国棒球处于低迷状态，现在大家狂热喜爱大谷选手，棒球又流行起来，就像当年甲壳虫乐队风靡全国时一样。"日本人像关注家人一样关注大谷选手的表现，都为优秀的大谷选手感到骄傲。

这种狂热崇拜当然首先是因为大谷选手技艺高超，不过，我觉得大谷选手的笑容也是重要因素。

把大谷选手那样的灿烂笑容奉献给妈妈吧，长大成人的儿女们再对妈妈笑一次吧，如同"幼儿放学时看见妈妈那一瞬间脸上乐开了花"那般的笑容，会瞬间融化妈妈的心。

我儿子时常会展露这样的笑容，不是对我，大部分是和儿媳在一起的时候，不过在一旁看着我也觉得很幸福，而且，偶尔也会对我灿烂地大笑，足矣足矣！

当你回老家探望妈妈时，见到妈妈的瞬间一定要这样开心地大笑。

回老家探亲的时候，你有没有总是面带愁容？因为妈妈的衰老让你心疼，因为妈妈可能会不停唠叨让你短暂的探亲假期不得安宁，这些因素禁锢了你见到妈妈时的表情吧。

请记住，就算是去探望卧病的老母亲，四目相对时，也一定要展露灿烂的笑容，如同"幼儿园放学见到年轻美丽的妈妈时"一样，这笑容是魔法，会让母亲心花怒放。

孩子的笑容改变妈妈的大脑

笑容对大脑有令人意想不到的影响。

我们的大脑中有一种脑细胞叫反射镜神经元，之所以叫反射镜神经元，是因为它能把眼前人的表情和动作像镜子一样誊写到自己的神经系统。

也就是说，人会下意识地把他人的表情复制到自己的神经系统，当对方对你满面笑容时，你也会露出笑容。

表情还有一项神秘功能。

表情既是输出，也是输入。内心感到高兴，脸上会绽放笑容，而复制他人的笑容也会使大脑产生和自己内心高兴时一样的神经信号。所以，当有人对你笑时，你也会变得高兴起来。

爱笑的人很强大，他能让身边人总是充满干劲儿和好奇心，周围人的高兴氛围又反过来感染自己，所以能够一直保持愉悦心态。大谷翔平选手就是这样强大的人。

反过来也是一样，对方满面愁容，你也会心情低落，对方心情焦虑，你也会忐忑不安。

你的表情可以改变周围的人。

那么，你见妈妈时是什么表情呢？你回到家见到妈妈时的表情决定了妈妈的心情，如果你一脸厌烦的样子，那妈妈也会如此。

母子之间有数年亲密无间的时光，那是一段表情心情同频共振的日子。所以，妈妈的表情对孩子大脑反应的影响最大，而孩子的表情也深深地影响着妈妈的大脑。

其实应该妈妈先对孩子展露笑容，我曾为妈妈们写过一本书，里面反复强调了这个道理：孩子回家时，妈妈一定要笑脸相迎，无论发生了什么事。

话虽如此，可毕竟读过我的书的妈妈还不多，再者，有时候妈妈也很想笑，可总会有衰老啦疾病啦这样的事情让妈妈笑不出来。

那么，希望孩子能养成见到妈妈就笑的习惯吧。当你回到家跟妈妈打招呼："我回来啦!"，一定要声音洪亮并且面带笑容，仿佛是告诉妈妈"回家见到妈妈真幸福!"

当然，对待妻子、丈夫、孩子、父亲，都应该这样灿烂地笑。

不是交换信息，而是感情交流

人一上年纪，爱说重复的话。

对于工作繁忙的当代人来说，没有比反反复复听一些重复的话更痛苦的事情了。因为无论在家还是公司，他们使用的都是"结论指向、解决问题"型脑回路，看重的是结论。没有结论的话令人头疼，明明有了结论，知道该怎么做了，却被淹没在无尽的唠叨中，这更令人痛苦。

当我们总是被迫听同样的故事，被问同样的问题时，肯定会不耐烦，"这件事儿刚刚说过了""这个问题刚刚问过了"这种心情完全可以理解。

我妈妈今年90岁。她总是会在关键时刻或者关键事件上短时间糊涂，还会在某一段时间内重复一样的话。

妈妈能理解孙子结婚这件事，却怎么也记不住孙媳妇的名字。

妈妈：阿雄结婚了是吧，那女孩叫什么名字？

我：叫爱子。

妈妈：这名字不错呀，哪里人？

我：熊本人。

妈妈：呀！熊本啊！九州人啊，我喜欢。我是福冈人嘛。还有，我在熊本住过一段时间，当年我为了参加舞蹈考试，专门找老师学习，那位老师住在熊本。

我：嗯，我记得您跟我说过。

这样的对话不知道重复了多少次，碰上天气不好，妈妈无所事事一直发呆的日子，几乎二十分钟就会重复一次。

很明显，妈妈记不住孙媳妇名字是因为她是熊本人。一听到熊本，妈妈就想起那段学跳舞的记忆，陷入其中不能自拔。可每次妈妈都要问爱子是哪里人，我也没办法。

弟弟在旁边听着都忍不住问我："听那么多遍不烦吗？"我一点也不烦，因为陷入那段回忆的妈妈很幸福。

和 90 岁高龄的妈妈聊天，没什么结论，也没有必要必须得出结论，聊天的目的只有一个——让妈妈得到安慰。

就算是抱怨，我也默默听着，何况这个对话每次聊起都能让妈妈很开心，这让我非常感恩，也很庆幸爱子的家乡是熊本。

还有一件高兴事儿，爱子怀孕了，妈妈对这件事记得很牢，我只说过一次，她从来没有忘记过。据说妈妈们的大脑会被"怀孕"这样的关键词一语激活，因为她们深深地体会过怀孕时的幸福。

当你被迫听老母亲一遍一遍地讲同样的事儿或同样的问题而感到烦躁时，请一定想想你们聊天的目的是什么，从某一时期开始，母子聊天的目的已经不是交换信息，而是情感交流啊！

母子聊天已经不需要"信息""理解"之类，重复多少遍也没关系，如果能这么想，你应该就能心平气和地配合老母亲翻来覆去的"烙饼"式聊天了。

请不要对妈妈的衰老感到失望

人都会衰老。

不必为妈妈的衰老而感到寂寥或伤感。

新生命降生，旧生命离场，仅此而已。

年轻的时候曾想过了 60 岁还有活着的意义吗？到时候就没有随心所欲的健康身体和机会了吧。

可真到了 60 岁，却感到很幸福。大脑与身体是联动的，身体衰老，随之心中也没有了野心。

如果身体是 60 岁的状态，大脑却还如 30 岁那般年轻，那活着该多么辛苦啊！和活力满满的儿媳在一起，每次照镜子或者照相时都只会是失望吧，听到别人的成功，心里也会焦虑。

不必担心，这些欲望随着身体衰老而渐渐消失了。面对儿媳的美丽，我只会觉得感动，纯粹的为美而感动；听到朋友的成功，我也只会送上祝福。原来，衰老并没有那么令人沮丧。

想去旅行，想吃美食，想穿华服，种种这些欲望也都没有那么强烈了。

因此，不必为每天忙于工作没有好好孝敬父母而愧疚，也不必为没有活出妈妈期望的人生而失落。我多次强调，孩子的降生已经让妈妈的大脑获得了极大的满足感。

得子（女）如你，妈妈的人生从此获得无可替代的价值。

妈妈的期望，说到底只有一个。

希望你永远都是妈妈的儿子，希望你永远都是妈妈的女儿。

偶尔让我为你做点事儿，偶尔送我一个大大的笑容，我会永远记得你是我的儿子（女儿）。

和妈妈闹别扭时，确实会觉得妈妈是最令人头疼的人，不过，只要你记住我教你的"秘诀"，和妈妈相处会变得相当容易，因为妈妈们的脑回路非常模式化，只要抓住关键，一激而活。

妈妈在身边的日子，你可能会觉得烦，可是一旦永远离开了你，就只剩下内心无尽的遗憾和思念，或许这就是宿命吧。

珍惜有妈妈陪伴的日子吧。

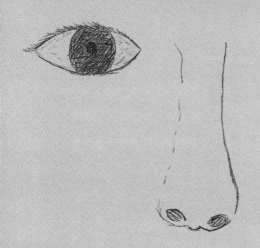

后　记

　　我既是妈妈，也是妈妈的女儿，现在照顾着即将当妈妈的儿媳。正是基于以上三个角度对"妈妈"这个角色进行深刻思考，才有本书的诞生。

　　几位妈妈（我的妈妈、我自己和儿媳）都没有极其明显的问题，都过着悠然且随心的生活。

　　所以，起初我担心自己没有资格写关于如何理解妈妈的书，可是有一天我突然意识到"正是因为没有明显的问题，所以才造成了母子间的隔阂"，因此决定为普通的妈妈们写一本书，希望孩子们通过阅读本书更好地理解妈妈。

　　帮我下定决心的是《儿子的使用说明书》的主编赤地则人先生。他的一番话打动了我："妈妈给了我无尽的爱，我心里也十分感恩妈妈，可是却不知如何做才能回报妈妈，希望你能帮帮我。"我十分感谢赤地先生的"爱母心"。

对于拥有"毒母"的人来说，本书似乎不是很有用，在此道一声抱歉。

不过，本书中的一些提议仍然值得一试。那些性格乖张、肆意吐"毒"的妈妈们起初肯定只是在一些小事情上和你闹别扭，治愈这些小别扭，本书还是有些用处的。

昨天，儿子儿媳下班后去钓鱼，钓了 11 条鰕虎鱼。

我买回天妇罗粉，进厨房准备炸鱼。负责处理鱼的是丈夫和儿子，鱼已经用冰块压住腌上了，可是有一条却跳了出来，把大块头的儿子吓得直后退。

摇着沙锤为我们几位大厨加油的是儿媳，她是我们家的"厨师啦啦队队长"，听说是主厨阿雄任命的。

这就是我家的日常生活，如田园诗般惬意。

和儿子儿媳一起生活，就好像和汤姆·索亚、红发安妮一起生活一样，每天都充满爱和新奇，因为他们在用爱和好奇心编织生活。

他们的孩子一定会生活的很幸福。

即使是这样，儿子也一定背负着什么枷锁吧。有时候为了不让我这个既聪明又天真的妈妈失望，希望每天都看到妈妈的笑容，他也会勉强自己做什么事吧。

无论母亲是怎样的性格，孩子都会受母亲的苦。

不负责任的妈妈或者"毒母"的孩子更苦，就算是母爱满满的好妈妈，孩子也会因之受苦。

这似乎是妈妈们无法改变的宿命。

既然如此，请接受来自妈妈的赠礼——《妈妈的使用说明书》。

送给母亲健在的人，希望你能巧妙地摆脱妈妈对你的束缚，在无拘无束的状态下和妈妈做一对好朋友。

心中没有了束缚，你会发现妈妈是一位顶顶慷慨大度的女性朋友，真的！